Günter Huth

Der Hund: Ein Freund für Kinder

Experten-Rat für das richtige Aneinandergewöhnen von Kind und Hund

Farbfotos:
Christine Steimer

Zeichnungen:
Renate Holzner

GU GRÄFE UND UNZER

Inhalt

Vorhergehende Doppelseite: Viele Kinder wünschen sich einen Hund, weil man so toll mit ihm spielen und ihm alles anvertrauen kann.

Mit einem Hund aufwachsen 4
Kind und Hund eine große Liebe 4
Lehrer ohne Worte 5
Liste beliebter Familienhunderassen 7
Angst vor Hunden 8
Angst durch Vorbilder 8
Schlechte Erfahrung mit Hunden 8
Wege aus der Angst 8
Gibt es gefährliche Hunderassen? 9
Ein Wort zu Kampfhunden 10
Warum beißen Hunde Kinder? 10
Häufigkeit der Unfälle mit Hunden 10
Ursachen für die Unfälle 11
Analyse eines Beispielfalles 11

Hunde verstehen lernen 14
Das wölfische Erbe des Hundes 14
Entwicklungsphasen des Welpen 14
Die Sinne des Hundes 15
So spricht der Hund 15
Die Lautsprache 15
Die Mitteilung durch Gerüche 16
Die Rangordung im Rudel 16
Die Rangordnung in der Familie 16
Die Behauptung des Ranges 17
PRAXIS Körpersprache 18

Ratschläge zum Kauf 20
Überlegungen vor dem Kauf 20
Der richtige Zeitpunkt für den Kauf 21
Die Qual der Rassenwahl 22
Ihr Herz schlägt für einen Mischling 22
Ein Welpe soll es ein 23
Entscheidung für den älteren Hund 23
Auch der Hund hat Rechte 24
Gesundheitsvorsorge beim Hund 27
Was Kinder respektieren müssen 27

Der Hund in der Familie 28
Erste Kontaktaufnahme 28
Der Welpe kommt ins Haus 28
Die ersten Tage und Nächte 29
PRAXIS Kontakte mit dem Hund 30
Den älteren Hund nicht überfordern 32
Den Hund an ein Baby gewöhnen 32
PRAXIS Spiele mit dem Hund 34
Verantwortung beim Kind wecken 36
Mit Pflichten nicht überlasten 37
Kind verweigert seine Pflichten 38

Für ein Kind kann der Hund viele Rollen übernehmen: Spielgefährte, Kamerad, Beschützer und Seelentröster.

Wenn der Hund Probleme bereitet 38
Vom Älterwerden und Sterben 39

Erziehung des Familienhundes 40
Gehorsam ist wichtig 40
Grundregeln der Erziehung 40
PRAXIS Erziehung 42
Mit kleinen Schritten zum Erfolg 44
Erziehung des erwachsenen Hundes 44
Lob und Tadel hundgerecht 44
Unarten gar nicht erst angewöhnen 44
Hundeschulen, Hundevereine 46

Das Kind und der fremde Hund 47
Umgang mit fremden Hunden 47
Das Territorialverhalten der Hunde 47
Auch bellende Hunde beißen 47
Kontakte mit Hunden auf deren eigenem Territorium 48
Wenn Ihr Kind Freunde besucht 49
Kontakte mit Hunden auf »neutralem Boden« 49
PRAXIS Konflikte vermeiden 50
Spiel mit fremden Hunden 52
Raufende Hunde 52
Vor Geschäften angebundene Hunde 53
Streuner 54
Wenn ein Hund aggressiv wird 54
Rücksichtslose Hundehalter 55

Kleiner Hunde-Knigge 56

Sachregister 60

Adressen und Literatur 62

Wichtige Hinweise 63

Vorwort

Kind und Hund – dahinter steckt meist eine große Liebe. Der Hund ist Spielkamerad, treuer Freund und geduldiger Zuhörer für kindliche Träume und Probleme. Das Kind trainiert im Umgang mit dem Hund sein Verantwortungsbewußtsein und wird dadurch selbständiger. Dem innigsten Wunsch des Kindes nach einem Hund in der Familie sollten Sie sich angesichts der positiven Auswirkungen, die solch eine Freundschaft mit sich bringt, nicht verschließen.
In diesem GU Tier-Ratgeber erfahren Sie, wann der richtige Zeitpunkt für die Anschaffung eines Hundes ist, und wie Sie das Zusammenleben von Kind und Hund harmonisch gestalten können. Hunde-Experte Günter Huth erklärt grundsätzliche Verhaltensweisen des Hundes und gibt Ratschläge, wie Sie und Ihr(e) Kind(er) Konflikte von vornherein vermeiden. Mit Tabelle „Beliebte Familienhunderassen" und Tips, wie Sie den Hund problemlos an ein Baby gewöhnen.
Auf PRAXIS-Seiten: Wie Kinder in den verschiedenen Altersstufen mit dem Hund richtig Kontakt aufnehmen, welche Spiele geeignet sind und wie der Familienhund erzogen wird. Im Kleinen Hunde-Knigge: Wichtige Regeln im Umgang mit dem Hund.
Brilliante Farbfotos von Christine Steimer und informative Zeichnungen von Renate Holzner bringen zum Ausdruck, wie glücklich das Zusammenleben von Hund und Familie aussehen kann.
Viel Freude mit Ihrem vierbeinigen Freund wünschen Ihnen der Autor und die GU Naturbuch-Redaktion.

Bitte beachten Sie die »Wichtigen Hinweise« auf Seite 63

Mit einem Hund aufwachsen

Noch etwas tolpatschig erkundet der Welpe seine Umgebung. Ist denn da keiner zum Spielen?

Hatten Sie das Glück, mit einem Hund aufzuwachsen? Dann erinnern Sie sich sicherlich noch heute gerne an große, treue Hundeaugen, an weiches kuscheliges Fell, an unzählige Stunden des gemeinsamen Spiels oder an lustige Streiche, die den Eltern im Bunde mit dem Hund gespielt wurden. Vielleicht aber blieben Ihnen solche Erfahrungen verwehrt, obwohl Sie sich als Kind nichts sehnlicher als einen Hund gewünscht hatten. Und vielleicht wollen Sie jetzt das damalige Versäumnis der Eltern wettmachen und Ihren Kindern den Wunsch nach einem Hund erfüllen.

Die Entscheidung für einen Hund: Die Anschaffung eines Hundes will wohl bedacht sein. Möglicherweise tauchen auch auf dem Weg von der Idee zur Verwirklichung noch einige brennende Fragen auf: Welcher Hund paßt zu meiner Familie? Soll der Hund angeschafft werden, bevor ein Kind geplant ist oder besser danach? Ist mein Kind vielleicht noch zu jung für einen Hund? Versteht sich der Hund dann auch tatsächlich gut mit meinem Kind? Wie erziehe ich mein Kind, daß es mit dem eigenen oder einem fremden Hund richtig umgeht? Kann der Hund für mein Kind gefährlich sein und wie lassen sich Konflikte vermeiden? Bei der Beantwortung dieser Fragen will und kann Ihnen dieser Ratgeber helfen.

Ein Hund in der Familie: Aus welchen Gründen auch immer Sie sich dazu entschließen, Ihr Kind mit einem Hund aufwachsen zu lassen, es ist eine gute Idee und die richtige Entscheidung. Natürlich müssen Sie sich im klaren darüber sein, daß ein Hund in der Familie nicht nur Spaß und Freude, sondern auch Verantwortung und Pflichten, Arbeit und Aufwand, manchmal vielleicht auch Ärger bedeutet. Doch auch davon soll in diesem Buch die Rede sein.

Im Zusammenleben mit dem Hund werden die schönen Erlebnisse allerdings überwiegen, und die Kontakte zwischen Hund und Kind harmonisch und friedlich verlaufen. Sicherlich werden dann auch Ihre Kinder – wenn sie denn erwachsen sind – einmal sagen: »Auch mein Kind soll mit einem Hund aufwachsen.«

Kind und Hund eine große Liebe

Gibt es etwas schöneres, als Freud und Leid der Kinder- und Jugendzeit gemeinsam mit einem Hund zu teilen? Kind und Hund können sich gegenseitig viel geben. Der Vierbeiner wird nicht einfach nur geherzt und gekost, gestreichelt, geknuddelt und geliebt. Es kommen auch Gefühle ganz offen zum Ausdruck, die Kinder vor Gleichaltrigen und Eltern sonst gerne verbergen.

Der Hund als Seelentröster: Freude, Begeisterung, Enttäuschung, Trauer und Wut, all das kann ein Kind seinem Hund mitteilen, ohne daß dieser große Worte darum macht oder peinliche Fragen stellt. Der Hund ist ein geduldiger Zuhörer. Er unterbricht auch nicht, wenn die kindliche Erzählung langatmig und verwirrend wird, oder wenn die Litanei der Sorgen und Nöte in der

Mit einem so starken Beschützer an der Seite fühlt sich das Mädchen richtig wohl.

Pubertät nicht abreißt. Er gibt keine schlauen Ratschläge beim ersten Liebeskummer und schimpft nicht, wenn die Probleme mit den Schulnoten überhand nehmen. Selbst an den unsinnigsten Ansichten übt er keinerlei Kritik, sondern honoriert sie höchstens mit einem zustimmenden Brummen.
Der Hund als Spielkamerad: Die meisten Kinder wünschen sich einen Hund als treuen, allzeit bereiten Gefährten, der in Rollenspiele eingebunden werden kann, der geduldig mitmacht und der ausdauernd spielt, tobt und tollt. Er weckt das Interesse der Kinder an gemeinsamer Beschäftigung, regt die Phantasie an und beteiligt sich an allen Unternehmungen, ohne je nach Hintergründen, Sinn oder Zweck zu fragen. Der Hund hat immer Zeit und ist immer interessiert, dadurch vermittelt er das Gefühl von Treue und Loyalität. Er gibt Wärme und Nähe, wenn das Kind dies wünscht, und er kann auch Schutz bieten. Die meisten Hunde haben einen natürlichen Beschützerinstinkt Kindern gegenüber, und das Kind weiß das. Das stärkt das Vertrauen und die Selbstsicherheit. Kinder, die mit Hunden aufwachsen, sind meist ausgeglichener und ruhiger, besonnener und anpassungsfähiger als andere.

Der Westie genießt es sichtlich, von seinem Spielkameraden den Bauch gekrault zu bekommen.

Lehrer ohne Worte

Hunde lehren Kindern Verständnis für die Dinge des Lebens ganz ohne Worte und erhobenen Zeigefinger – und vielleicht gerade deshalb so einprägsam. Einen Hund zu halten bedeutet, Verantwortung zu übernehmen. Der Hund braucht Pflege, Fürsorge und im weitesten Sinne Schutz, wenn er im »Rudelverband« mit »seinen« Menschen lebt. Und auch das versteht ein Kind rasch.
Verantwortung lernen: Kinder begreifen ihre Pflichten in dem Maße, wie ihre Eltern sie ihnen vorleben und erklären. Sie lernen im täglichen Umgang mit dem Tier, dessen Bedürfnisse zu verstehen, das Verhalten zu respektieren und angemessen darauf zu reagieren. Ein Kind kann man schon früh dazu anleiten, je nach Alter gewisse Pflegeaufgaben zu erfüllen (→ PRAXIS Kontakte mit dem Hund, Seite 30 und 31). Im Laufe der Entwicklung können die Pflichten mit zunehmender Selbständigkeit des Kindes erweitert werden. Auf diese Weise lernt es, Verantwortung für ein schutzbedüftiges Wesen zu übernehmen und zuverlässig für dessen Versorgung einzutreten.
Selbstbewußtsein entwickeln: Ein Kind, das selbständig Aufgaben bei der Versorgung des Familienhundes erfüllt, wird bestärkt im Gefühl, wichtig zu sein und gebraucht zu werden. Für seinen Einsatz wird es belohnt durch treue Kameradschaft – ein deutlicher Erfolg, der das Selbstbewußtsein des Kindes stärkt und seinen Charakter prägt.

Kleine Auswahl beliebter Familien-Hunderassen

Hunderasse	Gewicht, Größe	Wesen und Ansprüche
Bologneser	2,5 – 4 kg 25 – 30 cm	intelligent, fröhlich, ergeben; sehr verspielt; kein Kläffer, aber wachsam; Haarkleid braucht täglich Pflege
Boxer	25 – 32 kg 53 – 63 cm	warmherzig, liebevoll; vorzügliches »Kindermädchen«; leicht erziehbar; Rasse gehört zu den Schutzhunderassen; Haarkleid pflegeleicht
Cocker Spaniel	11 – 13 kg 33 – 39 cm	leicht erziehbar, angenehm; kinderlieb; fröhlich und intelligent; beim Kauf auf Wesensfestigkeit achten; Haarkleid braucht viel Pflege; Jagdtrieb vorhanden
Dachshunde (Dackel)	5 – 12 kg	sehr anhänglich, besonders an Kinder; braucht konsequente Erziehung; wachsam; Haarkleid pflegebedürftig
Französiche Bulldogge	bis 13 kg etwa 30 cm	fröhlich und angenehm; richtig erzogen ordnet er sich gerne unter; ist für jeden Spaß zu haben; wachsam, aber kein Kläffer; Haarkleid pflegeleicht
Golden Retriever	bis 32 kg 62 cm	freundlich, gelehrig, kinderlieb, leicht erziehbar; nicht für kleine Wohnung geeignet; braucht Beschäftigung; Jagdtrieb vorhanden; Haarkleid bedarf normaler Pflege
Kromfohrländer	12 kg 38 – 46 cm	lebhaft, liebevoll, gehorsam, da speziell als Familienhund gezüchtet; kinderlieb; wachsam, aber kein Kläffer; wenig Jagdtrieb; Haarkleid braucht Pflege
Malteser	1,8 – 3 kg bis 25 cm	typischer Schoßhund; seiner Familie ergeben; sehr anhänglich und treu; freundlich; Haarkleid braucht täglich Pflege
Mops	bis 8 kg 32 cm	liebenswürdig, verspielt, fröhlich, sehr intelligent; benötigt viel Liebe und gibt sie zurück; sehr kinderlieb; braucht wenig Auslauf; Haarkleid pflegeleicht
Pudel (Zwerg- und Kleinpudel)	28 – 35 cm	kinderlieb, leicht erziehbar, intelligent; angenehm in der Wohnung zu halten; beim Kauf auf Wesensfestigkeit achten; Haarkleid braucht Pflege
Sheltie	35 – 37 cm	sehr intelligent, unterordnungsbereit, liebenswert, sanft; Haarkleid braucht täglich Pflege
Mittelschnauzer	15 kg 45 – 50 cm	beide sind munter, temperamentvoll, intelligent, kinderlieb; leicht erziehbar, sehr wachsam; kein Jagdtrieb; Haarkleid muß getrimmt werden; Mittelschnauzer beschützt seine Familie; Zwergschnauzer ist kein Schoßhund
Zwergschnauzer	6 – 7 kg 30 – 35 cm	

Angst vor Hunden

Die ganzen Loblieder in Ehren, aber was tun, wenn man Angst vor Hunden hat? Viele Menschen meiden die Nähe von Hunden. Sie wechseln die Straßenseite, wenn ihnen ein Hund entgegenkommt, oder bestehen bei Besuchen darauf, daß der Haushund in ein anderes Zimmer weggesperrt wird. Diese Angst beruht auf schlechten Erfahrungen mit den Vierbeinern oder wurde im Laufe der Kindheit von den Eltern übernommen oder anerzogen.

Angst durch Vorbilder
Kinder beobachten genau, wovor Eltern und Mitmenschen Angst haben. Auf diese Weise lernen sie den richtigen Umgang mit objektiv gefährlichen Dingen des täglichen Lebens, werden gleichzeitig aber auch mit irrationalen Ängsten konfrontiert.
Zeigen Mutter oder Vater Furcht vor Hunden, liegt es nahe, daß das Kind allein aus seinem Nachahmungstrieb heraus bald ebenfalls eine Abneigung gegen die Tiere empfindet. Unter Umständen kann es darunter für den Rest seines Lebens leiden und diese Angst als Erwachsener an die eigenen Kinder weitergeben.

Mein Rat an die Eltern
Achten Sie darauf, daß Sie nicht unbewußt und ungewollt durch erschrecktes Verhalten (Wegzerren der Kinder, Wechsel der Straßenseite) in Ihren Kindern Furcht vor Hunden erzeugen. Machen Sie sich Ihre Angstreaktionen bewußt und versuchen Sie, diese zu kontrollieren. Lassen Sie sich notfalls von geschulten Fachleuten dabei helfen. Drohen Sie Ihren Kindern nie mit einem Hund oder dem »bösen Wolf«. Ersparen Sie ihnen diese Erfahrungen und bereiten Sie sich selbst und Ihre Kinder bewußt auf den Kontakt mit Hunden vor, indem Sie die Ratschläge dieses Buches beherzigen.

Schlechte Erfahrung mit Hunden
Wer einmal mit einem Hund schlechte Erfahrungen gemacht hat, ist in Zukunft vorsichtiger im Umgang mit diesen Tieren. Erst im Laufe der Zeit, wenn keine weiteren negativen Erlebnisse hinzukommen, wird sich die Abneigung gegen Hunde wieder legen. Ist die schlechte Erfahrung allerdings mit einem Schock (zum Beispiel durch einen Hundeangriff mit Bißwunden) verbunden, kann auch hier große, unüberwindbare Furcht zurückbleiben, die sich zu einer starken, bleibenden Abneigung gegen Hunde steigert.

Wege aus der Angst
Hunde können die Angst von Menschen wahrnehmen. Dies kann das Aggressionsverhalten des Tieres beeinflussen, auch wenn Angst allein nicht ausreicht, um einen friedlichen Hund aggressiv zu machen. Hunde behandeln jedoch Menschen, die vor ihnen Angst haben, deutlich respektloser als solche, die keine Furcht empfinden.
Die Angst überwinden: Wenn Sie unter großer Angst vor Hunden leiden, sollten Sie diese nicht einfach als Schicksal hinnehmen. Arbeiten Sie an der Befreiung aus der Angst, sei es durch ärztliche Hilfe oder durch Selbsttherapie mittels Befolgung meines nachstehenden Rates. Es wird Ihnen dann leichter fallen, vor Ihren Kindern keine Angst vor Hunden zu zeigen. Vermeiden Sie es, in Ihren Kindern den Glauben zu nähren, alle Hunde seien bissig und gefährlich. Es wäre schade, wenn schon in der Kindheit die Liebe zu einem Hund verdorben wird.

Ein Spaziergang mit »seinem« Menschenrudel macht dem Hund am meisten Spaß.

Mein Rat an die Eltern
Verdrängen Sie Ihre Angst nicht. Suchen Sie gezielt den Umgang mit bekanntermaßen braven Hunden, zum Beispiel in der Nachbarschaft, bei den Freunden oder Verwandten. Tasten Sie sich langsam heran, bleiben Sie aber konsequent sich selbst gegenüber. Dulden Sie die Gegenwart des Hundes und üben Sie auch die Berührung. Sie werden bald sehen, wie schön es ist, einen Hund zu streicheln. Begleiten Sie den Hundehalter auf dem Spaziergang und verschaffen Sie sich möglichst viele positive Erlebnisse. Als Ziel könnte stehen, daß Sie sich einen eigenen Hund kaufen, der durch seine Treue und Anhänglichkeit die letzten Reste Ihrer Zweifel rasch beseitigen wird.

Gibt es gefährliche Hunderassen?
Eltern, die noch keine Erfahrung mit Hunden haben, werden sich besorgt fragen, ob es auch gefährliche Hunderassen gibt. Bei manchen Rassen liegt die Reizschwelle zwar niedriger als bei

anderen, aber man kann keine Rasse von vornherein als gefährlich oder völlig harmlos einstufen. Ausschlaggebend ist immer das Erbgut der Elterntiere. Sind beide Eltern eines Welpen aggressiv, hat wahrscheinlich auch der Welpe die Anlagen dazu. Der Züchter kann durch die Wahl der Elterntiere diese Anlagen fördern oder unterdrükken. Deshalb sollten Sie einen Hund nur bei einem verantwortungsbewußten Züchter kaufen und sich auch die Elterntiere des Welpen genau ansehen (→ Ein Welpe soll es sein, Seite 23).

Ein Wort zu Kampfhunden
In den Medien werden die zu den »Kampfhunden« gehörigen Rassen (wie Bullterrier, Pitbull, Mastino Napolitano, Bullmastiff und andere) gern als »blutrünstige Bestien« und als Gefahr für Leib und Leben dargestellt, wo immer sie auftauchen. Hier ist fairerweise einiges richtigzustellen.
Die ursprüngliche Bestimmung: Kampfhunde waren besonders auf Schärfe gezüchtete Tiere, die für den Kampf gegen andere Hunde und wilde Tiere wie Bären, Wölfe und Raubkatzen eingesetzt wurden. Von einem guten Kampfhund verlangte man absoluten Tötungswillen, ungeachtet der eigenen Unversehrtheit. Da es solche »Killernaturen« bei normalen Hunden nicht gibt, züchtete man den Tieren »hinderliche« Eigenschaften wie die Beißhemmung einfach weg.
Kampfhunde in der Familie: Viele Jahrzehnte lang wurden die teilweise sehr alten Kampfhund-Rassen verantwortungsbewußt gezüchtet und die ursprünglich vorhandene ungehemmte Aggressivität wieder auf ein normales Maß zurückgebracht. Stammen sie aus guter Zucht, sind Kampfhunde friedlich und kinderlieb. Bei richtiger Haltung, guter Erziehung und verständiger Führung können sie bedenkenlos in der Familie gehalten werden, ohne daß das Geringste zu befürchten wäre.
Kampfhunde als Qualzüchtungen: In letzter Zeit ist bedauerlicherweise der Mißbrauch der Kampfhunde deutlich angestiegen. Mit gezielter Zucht »produzierte« man erneut mörderische Abarten der sonst friedlichen Tiere und bediente einen regen Absatzmarkt. Die auf Aggressivität gezüchteten Hunde stellen eindeutig eine Gefahr dar. Sie sind nur schwer zu bändigen, extrem aggressiv und – einmal im Angriff – nicht mehr unter Kontrolle zu halten. Ihre Kampfweise ist unkonventionell und unberechenbar. Selbst körperliche Schmerzen oder Verletzungen halten sie nicht davon ab, den Angriff fortzusetzen. Sie sind für den Kampf bis zur Selbstvernichtung bestimmt.
Es ist jetzt an den Behörden, den Mißbrauch dieser Hunderassen und derartige Qualzüchtungen abzustellen, da wir in unserer Gesellschaft solche Hunde nicht brauchen. Die Zucht des friedlichen, aggressionsfreien Hundes muß oberstes züchterisches Gebot bleiben.

Warum beißen Hunde Kinder?

In den Medien werden Angriffe von Hunden auf Menschen meist reißerisch aufgebauscht. So entsteht der Eindruck, daß Unfälle mit Hunden häufig vorkommen und fast immer mit erheblichen Verletzungen verbunden sind. Zum Glück trifft dies nicht zu.

Häufigkeit der Unfälle mit Hunden
Meine Recherchen über die Häufigkeit von Hundeangriffen auf Menschen ergaben, daß wegen der Seltenheit derartiger Unfälle keine eigenen Statistiken geführt werden. Die Auswer-

tung einer der wenigen zu diesem Thema vorliegenden Studien (im Auftrag des Deutschen Städtetags) erbrachte folgendes Ergebnis: Innerhalb von 4 Jahren kam es in über 100 deutschen Städten zu rund 2650 Zwischenfällen mit Hunden, die eine Körperverletzung zur Folge hatten. Dabei erlitt der größte Teil der betroffenen Personen leichte Verletzungen. 5 Prozent der Beteiligten trugen schwere Verletzungen davon. Der Anteil der Kinder lag bei knapp 16 Prozent. Wieviele Kinder dabei schwer verletzt wurden, ist nicht bekannt.
Faßt man das Ergebnis zusammen, kann man selbst bei Berücksichtigung einer gewissen Dunkelziffer beruhigt aufatmen. Die Wahrscheinlichkeit, daß eines unserer Kinder von einem aggressiven Hund angefallen wird, ist erfreulicherweise äußerst gering. Andererseits ist natürlich jedes verletzte Kind eines zuviel. Unfälle mit Hunden müssen deshalb durch den richtigen Umgang mit den Tieren von vornherein ausgeschlossen werden.

Ursachen für die Unfälle
In Presseberichten, in denen Angriffe von Hunden auf Kindern geschildert werden, bleiben meist die Hintergründe des schrecklichen Unfalls verborgen. Werden die Vorfälle von Fachleuten näher untersucht, stellt sich oft heraus, daß menschliches Fehlverhalten in irgendeiner Form die Ursache für die Überreaktion der Tiere war. Tatsächlich überschreiten Erwachsene und Kinder häufiger als man denkt die Toleranzgrenzen der Hunde. Da werden die Tiere gefoppt, getreten, geärgert und geschlagen, territoriale Ansprüche werden einfach ignoriert. Selbst wenn es nicht absichtlich, sondern meist aus Gedankenlosigkeit und Nichtwissen um die Problematik geschieht, ist es schon erstaunlich, wie geduldig die meisten Hunde diese »Unverschämtheiten« hinnehmen, ohne aggressiv zu reagieren.

Analyse eines Beispielfalles
Lassen Sie mich anhand einer durchaus alltäglichen Situation ein Beispiel für kindliches Fehlverhalten im Umgang mit Hunden demonstrieren.
Der Fall: Ein etwa 8-jähriges Mädchen führt alleine einen Mischlingshund von der Größe eines Boxers an der Leine spazieren. Plötzlich beginnt das Kind scheinbar grundlos, den brav bei Fuß gehenden Hund zu beschimpfen. Als das Tier nicht reagiert, vielmehr weiter treuherzig nebenher trottet, schlägt das Mädchen dem Rüden mit der Hand auf den Kopf. Die Schläge sind nicht besonders fest, aber es kommt deutlich zum Ausdruck, daß das Kind den Hund nicht tätscheln, sondern maßregeln will. Der Hund erträgt die Hiebe geduldig ohne ein Zeichen von Aggression.
Die Analyse: Man muß kein besonderer Hundekenner sein, um sich vorstellen zu können, daß diese Situation auch anders hätte ausgehen können. Die Analyse ergibt folgende Kritik:

Ein Bullterrier aus guter Zucht ist kinderlieb und sehr spielfreudig.

Alle drei haben anscheinend nichts als Unsinn im Sinn.

• Es ist von den Eltern unverantwortlich, ein kleines Kind mit einem Hund dieser Größe allein auf die Straße zu schicken.
Würde der Hund mit Wucht an der Leine reißen, wäre das Kind nicht in der Lage, das Tier zu halten. Das Kind könnte hinfallen, sich verletzen oder gar auf die Fahrbahn gezerrt werden. Anlaß für ein derartiges Verhalten des Hundes könnte ein auf dem gegenüberliegenden Gehsteig vorbeigeführter Rivale oder eine wegspringende Katze sein.
• Was könnte geschehen, wenn das Kind von einer fremden Person angesprochen wird, und der Hund glaubt, er müßte es beschützen? Das Mädchen wäre nie in der Lage, aus eigener Kraft die Schutzreaktion zu unterbinden. Passant und Kind wären gefährdet.
• Hauptkritikpunkt ist die Art, wie das Kind mit dem Tier umgeht. Auch Hunde sind soziale Lebewesen, die in eine Gemeinschaft hineingeboren werden und für das Zusammenleben mit gewissen Verhaltensmustern ausgestattet sind. Aus der Sicht des Hundes nehmen sowohl er als auch »seine« Menschen innerhalb der Familie feste Positionen ein, die sich in der Rangordnung ausdrücken (→ Die Rangordnung in der Familie, Seite 16).

Die Reaktion des Hundes

Werden die Regeln der Rangordnung auf den geschilderten Fall übertragen, hätte folgendes geschehen können:
• Der Hund betrachtet das Kind als Welpen: Er läßt es geduldig gewähren (wie geschehen), weil er die Schläge als flegelhaftes Welpenverhalten einordnet. Von einem Tag auf den anderen kann sich die Einstellung des Hundes jedoch ändern, sobald für ihn der Eindruck entsteht, das Kind sei dem

Ob dieses Mauseloch nun endlich den ersehnten »Inhalt« verspricht?

»Welpenalter« entwachsen und ab sofort ernst zu nehmen. Wie aber soll er diese »Meinungsänderung« nach außen hin sichtbar machen, damit sie alle Beteiligten in der Familie unmißverständlich erkennen?

- Der Hund betrachtet das Kind als gleichrangig: Er ignoriert die Schläge, da er sehr tolerant und wesensfest ist und in den Hieben keinen Angriff auf seine Position sieht. Falls er seine Stellung innerhalb der Rangordnung für gefährdet hält, reagiert er mit Knurren. Werden die Schläge nicht eingestellt, kann Zwicken die Folge sein. Das ist zwar schmerzhaft, aber noch kein Biß im eigentlichen Sinne.
- Der Hund betrachtet das Kind als nachgeordnet: Versteht es sein warnendes Knurren nicht, kann der Hund nun etwas heftiger zwicken oder sogar zubeißen, um seine Position in der Rangordnung klarzustellen.

Mein Rat an die Eltern
Selbst wenn es verständlich wird, warum der Hund in einer bestimmten Situation so reagiert, bleibt immer noch die Tatsache, daß auch ein Zwikken schmerzhaft sein kann und häufig blaue Flecken oder Bißmale hinterläßt. Viel schlimmer noch sind die psychischen Folgen auf den Schrecken hin, daß der geliebte Hund plötzlich schnappt. Manche Kinder kommen von solch schockierenden Erfahrungen ein Leben lang nicht los. Zeigen Sie Ihren Sprößlingen deshalb frühzeitig und konsequent, wie man ein Tier behandelt, so daß Konflikte vermieden werden. Mit Geduld, Verständnis und Einfühlungsvermögen erziehen Sie Ihre Kinder auf diese Weise zur Tierliebe und zur nötigen Achtung vor jedem Lebewesen.

Hunde verstehen lernen

Das Erbe des wilden Urahnen, des Wolfes, schlummert noch immer im Hund. Wer die typischen Verhaltensweisen seines Hundes kennt, kann ihn besser verstehen.

Für ein harmonisches, unproblematisches Zusammenleben mit dem Hund ist es wichtig, sich mit dem Wesen des Hundes vertraut zu machen. Gefahrensituationen für Kinder entstehen in erster Linie dadurch, daß Eltern nicht in der Lage sind, ihre Kinder auf den Umgang mit Hunden richtig vorzubereiten. Will man Hunde verstehen, muß man wissen, wo ihre Wurzeln sind, wie ihre emotionale Wahrnehmungswelt gestaltet ist und wie und vor allen Dingen warum sie auf bestimmte Eindrücke so und nicht anders reagieren.

Das wölfische Erbe des Hundes
Alle Hunderassen – vom kleinsten Chihuahua bis zur größten Dogge – stammen vom Wolf ab. Vor 15 000 Jahren etwa begann der Mensch, den Wolf zu domestizieren, und im Laufe der Jahrtausende entstand durch die strenge Zuchtauslese aus einer einzigen Urform eine große Vielfalt an Hunderassen. Seitdem hat sich eine enge Beziehung zwischen Mensch und Hund entwickelt. Dennoch ist der Hund in seinem Innersten ein Raubtier geblieben, das in vielen Verhaltensmustern das wölfische Erbe deutlich zum Ausdruck bringt.

❑ **Mein Rat an die Eltern**
Wenn Sie bereits einen Hund besitzen oder sich einen anschaffen wollen, sollten Sie sich mit der Entwicklung, dem Verhalten und den Ausdrucksformen Ihres Vierbeiners eingehend auseinandersetzen. So können Sie Ihren Kindern gut erklären, worauf es beim Umgang mit dem Hund ankommt.

Die Entwicklungsphasen des Welpen
Jeder Hund macht in den ersten 3 Monaten nach der Geburt entscheidende Entwicklungsphasen durch, die sein Verhalten im späteren Leben bestimmen. Diese sogenannte Prägung erfolgt in mehreren zeitlich begrenzten und unwiederbringlichen Phasen. Fehlende oder schlechte Erfahrungen in dieser Zeit sind später nur schwer, oft gar nicht mehr auszugleichen.
Neugeborenenphase (1. bis 2. Woche): Der Welpe kommt blind und taub auf die Welt. Selbständig sucht er nach den Zitzen seiner Mutter, von der er in dieser Zeit vollständig abhängig ist.
Übergangsphase (2. bis 3. Woche): Augen und Ohren öffnen sich, der Welpe macht erste Gehversuche. Nach der 3. Woche brechen die Zähne durch.
Prägungsphase (4. bis 7. Woche): Gehör und Geruchssinn sind ausgepägt, die Augen folgen schon Bewegungen. Der Welpe wird aktiver und macht bereits kurze Ausflüge in die Umgebung. Mit 7 Wochen etwa wird er von der Mutter entwöhnt. Im Spiel mit Mutter und Wurfgeschwistern lernt er soziale Verhaltensweisen. Es ist wichtig, daß er in dieser Phase genügend Kontakt zu Hunden und Menschen hat, damit er später gut mit anderen Artgenossen auskommt und eine vertrauensvolle Beziehung zu Menschen aufbaut.
Sozialisierungsphase (8. bis 12. Woche): Der enge Kontakt zu den Wurfgeschwistern wird lockerer, der Welpe immer selbständiger. Dies ist der ideale Zeitpunkt, den jungen Hund an seine zukünftige Familie abzugeben.

Rangordnungsphase (ab 12. Woche): Der junge Hund ist bestrebt, einen bestimmten Rang im »Menschenrudel« einzunehmen (→ Rangordnung in der Familie, Seite 16). Alle Erfahrungen, die er in dieser Lernphase macht, bestimmen sein späteres Verhalten in der Familie. Deshalb sollte jetzt auch die Erziehung des Hundes beginnen (→ PRAXIS Erziehung, Seite 42 und 43).

Die Sinne des Hundes

Um das Verhalten seines Vierbeiners richtig einzuschätzen, sollte man wissen, wie der Hund den Menschen und seine Umwelt sinnesmäßig wahrnimmt.
Die Nase: Das Riechvermögen eines Hundes ist jenem des Menschen haushoch überlegen. Und deshalb wird der Hund auch oft als »Nasentier« bezeichnet: Seine Nase ist das am besten entwickelte Sinnesorgan und gleichzeitig auch das wichtigste. So verschafft sich der Hund in erster Linie über seine Nase ein Bild von seiner Umgebung. Jeder Hundebesitzer weiß, mit welch großem Interesse sein Vierbeiner neue Gegenstände, fremde Hunde und unbekannte Menschen beschnuppert.
Die Ohren: Ein Hund hört erheblich besser als ein Mensch. Deshalb können Hunde auch leise gesprochene Kommandos gut hören. Andererseits sind sie dadurch auch empfindlich gegen schrille Geräusche wie Kindergeschrei, laute Radiomusik und dergleichen.
Die Augen: Die Farbwahrnehmung des Hundes ist zwar eingeschränkt, allerdings sieht er bei schlechten Lichtverhältnissen besser als der Mensch. Anders als dieser kann der Hund Gegenstände nur gut wahrnehmen, wenn sie sich bewegen oder wenn er sich selbst bewegt. Deshalb kann er auf Dinge, die sich plötzlich oder ungewohnt bewegen, außerordentlich schnell reagieren.

So »spricht« der Hund

Jeder Hund beherrscht die »internationale Sprache« seiner Artgenossen, die aus geruchlichen, optischen und akustischen Informationen besteht. Die gleichen Signale benutzt er auch im Umgang mit Menschen. Deshalb sollten Sie die Ausdrucksweise Ihres Vierbeiners verstehen und richtig interpretieren können. Erklären Sie auch Ihren Kindern, wie der Hund »spricht«. So werden falsche Reaktionen vermieden.

Die Lautsprache

Mit einer Reihe von Lautäußerungen drücken Hunde ihren Gemütszustand und ihre Wünsche aus.
Bellen kann Bestätigung von Freude oder Aufforderung zum Spiel bedeuten. Gebellt wird aber auch zur Warnung oder aus Angst und Unbehagen.
Knurren ist eine ernste Drohung, die bei Angriff oder Abwehr eingesetzt wird. Viele Hunde knurren auch »im Eifer des Gefechts« beim Spielen.
Winseln drückt Unterwürfigkeit oder Schmerz aus. Es wird auch unterstützend beim Futterbetteln oder bei der Aufforderung zum Spielen angewandt.

Im Spiel üben Welpen typische Verhaltensweisen.

Heulen signalisiert Einsamkeit und geht auf das wölfische Erbe zurück, da ein vom Rudel getrennter Artgenosse damit auf sich aufmerksam macht.
Schreien und Kreischen sind Zeichen von Angst oder Schmerz. Vor allem Welpen wenden diese Laute an, um Aufmerksamkeit zu erregen.

Die Mitteilung durch Gerüche
Schnüffeln: Über ihre Nase nehmen Hunde alle wichtigen Informationen aus ihrer Umgebung auf. Begeistert schnüffeln sie alles ab. Besonders interessant sind Hinterlassenschaften und Duftmarken von Artgenossen, die wie eine Zeitung »gelesen« werden. Auch die Düfte der Menschen weiß ein Hund zu deuten: Er riecht, ob jemand freundlich, ängstlich oder wütend ist.
Markieren: Rüden stecken ihr Revier ab, indem sie an markanten Punkten wie Bäumen oder Hausecken urinieren. Vorbeikommende Rüden schnüffeln an dieser »Visitenkarte« und überdecken den Geruch des Vorgängers mit dem eigenen Duft. Hündinnen setzen nur während ihrer Läufigkeit Urinmarken ab, um Rüden anzulocken.

Die Rangordnung

Jeder Hund hat das Bestreben, sich in eine Rangordnung einzufügen, ganz egal, ob er sich in einem Rudel unter Artgenossen oder in der Familie unter Menschen befindet. Dieses Bestreben ist ihm angeboren und auf seine wilden Ahnen, die Wölfe, zurückzuführen.

Die Rangordnung im Rudel
Bei den Wölfen herrscht eine strenge Rangordnung, die von allen Rudelmitgliedern eingehalten werden muß. An der Spitze steht der Leitwolf, der weitgehend die Jagd- und Ruhephasen bestimmt und sein Rudel führt. Ihm untergeordnet sind in Abstufungen dann die anderen Rudelmitglieder. Welpen stehen nur bis zum Alter von etwa 4 Monaten unter dem Schutz ihrer Mutter, dann müssen sie selbst ihren Platz in der Gemeinschaft finden. Ihren Rang belegen die Jungwölfe durch Scheinkämpfe mit den Wurfgeschwistern und den anderen, niederrangigen Rudelmitgliedern. Er ist jedoch nicht zeitlebens fest. Jeder Wolf kann im Laufe seines Lebens in der Rangordnung des Rudels steigen oder fallen.

Die Rangordnung in der Familie
Entsprechend seinem Wilderbe hat der Familienhund ebenfalls das Bedürfnis, sich in eine Rangordnung einzufügen. Dabei überträgt er automatisch seine ererbten Verhaltensweisen auf die Familie. Er spürt deutlich die Führungsposition der Eltern, die sich zwangsläufig aus der lebensbestimmenden Fürsorgerolle ergibt. Ebenso erkennt der Hund die Unselbständigkeit und Hilfsbedürftigkeit der Kinder. Aus seiner Sicht wird er also einen der Elternteile – meist den, der sich in erster Linie um seine Erziehung kümmert – als »Leithund« einstufen. Alle anderen »Rudelmitglieder« sind diesem »Leithund« nachgeordnet. Nun muß der Hund noch seine eigene Position festlegen, die sich in der Regel wie folgt entwickelt:
• Dem »Leithund« (Frauchen oder Herrchen) ordnet sich der Hund voll unter, dem nächstrangigen (Erwachsenen) in der Familie ebenfalls.
• Ältere Kinder ab etwa 12 Jahren betrachtet der Hund als Gleichrangige. Er behandelt sie in der Regel freundlich und gesteht ihnen gleiche Rechte zu, solange er nicht das Gefühl hat, sie machen ihm seinen Rang streitig.
• Jüngere Kinder unter 12 Jahren betrachtet der Hund als Nachgeordnete,

die sich ihm zu unterstellen haben. Wieviel sie sich dem (höherrangigen) Hund gegenüber herausnehmen dürfen, hängt von dessen Toleranz ab und ist von Hund zu Hund unterschiedlich. Überschreitet ein Rangniederer die Toleranzgrenze des Hundes, kann es passieren, daß ihn der Hund in die Schranken weist (→ unten).

- Kleinkinder bis etwa 5 Jahre haben Sonderrechte, da sie der Hund als Welpen einstuft. Sie sind ihm zwar nachgeordnet, genießen aber eine gewisse »Narrenfreiheit« und dürfen sich dem (ranghöheren) Hund gegenüber einiges herausnehmen, bevor eine »Erziehungsmaßnahme« erfolgt. Das Maß dieser Freiheit hängt ebenfalls von der Hundepersönlichkeit ab.

Die Behauptung des Ranges
Fühlt sich der Hund in seiner Position durch einen Rangniederen angegriffen, wird er seine Stellung verteidigen, auch innerhalb des »Familienrudels«.
Was Eltern beachten sollten: Kinder verlieren vor lauter Übermut oftmals das Gefühl dafür, wann sie über die Stränge schlagen. Beobachten Sie deshalb Ihr Kind, wenn es mit dem Hund spielt oder tobt. Handlungen, wie den Hund am Fell, an den Ohren oder an der Rute zu ziehen, sollten natürlich tabu sein, da sie dem Hund weh tun. Auch sollte das Kind dem Hund keine Befehle erteilen, da sie von ihm eine starke Unterordnung verlangen, zu der er seinem Rang zufolge nicht bereit ist. Der Hund zeigt in der Regel deutlich, wann seine Toleranzgrenze erreicht ist. Egal, ob er brummt oder jault, die Ohren anlegt und die Rute einzieht oder gar knurrend die Zähne fletscht, die Handlung, die diese Reaktion ausgelöst hat, muß sofort beendet werden. Nie sollte der Hund so provoziert werden, daß er sich genötigt fühlt zu zwicken.

Der fremde Hund wird von allen Seiten beschnüffelt.

Der Überbiß über die Schnauze maßregelt den Welpen.

Beim Raufen und Spielen lernen die Welpen fürs Leben.

PRAXIS
Körpersprache

Wesentlich häufiger als durch Laute drückt der Hund seine Stimmungen mit Hilfe seiner Körpersprache aus. Wichtig ist dabei die Haltung seines Körpers, der Ohren und der Rute sowie seine Mimik. Unterstützen Sie Ihre Kinder beim Erlernen der »Hundesprache« und erklären Sie ihnen die unterschiedlichen Verhaltens- und Ausdrucksweisen des Hundes.

Freundliche Stimmung
Freundlichkeit wird durch eine geduckte Körperhaltung, durch ausgeprägtes Schwanzwedeln, angelegte Ohren und Jaulen oder Fiepen ausgedrückt.
Bedeutung für die Familie: Zeigt der Hund dieses Verhalten, möchte er schmusen und gestreichelt werden. In dieser harmonischen Stimmung kann man ihn gut mit Kleinkindern zusammenbringen und diesen die Hand beim Streicheln führen, damit sie lernen, wie es geht.

1 Mit dieser Geste fordert der Hund Frauchen oder Herrchen zum gemeinsamen Spielen auf.

Aufforderung zum Spiel
Zeichnung 1
Mit auf den Boden gelegten Vorderläufen und hochgerecktem Hinterteil fordert der Hund zum Spielen auf. Dabei zeigt er sein »Spielgesicht« mit leicht geöffneter Schnauze, hochgezogener Oberlippe und zurückgelegten Ohren (er »grinst«).Oft bellt er dabei auch freudig.
Bedeutung für die Familie: In dieser Stimmung neigt der Hund je nach Temperament zu Übermut und heftigen Bewegungen. Kraft kommt zum Einsatz. Begleiten Sie Kinder bis zu 6 Jahren beim Spiel mit dem Hund, damit sie nicht umgeworfen werden.

Ängstliche Stimmung
Zeichnung 2
Wenn der Hund Angst verspürt, hält er den Körper geduckt und die Ohren angelegt. Der Kopf ist gesenkt, die Rute zwischen die Hinterbeine eingeklemmt.
Bedeutung für die Familie: Innerhalb des »Familienrudels« sollte dem Hund Angst fremd sein. Wenn Sie Ihren Hund einmal tadeln, wird er sich als Reaktion darauf vor Ihnen auf den Boden niederducken. Damit zeigt er allerdings nicht so sehr Angst, sondern Ergebenheit und völlige Unterwerfung. Strafen Sie ihn jetzt nicht weiter. Sonst könnte er als nächstes angreifen, da er keinen anderen Ausweg mehr weiß.
»Angstbeißer«: Haben Hunde während der Prägungsphase (→ Entwicklungsphasen des Welpen, Seite 14) wenig Kontakt mit Menschen, bleiben sie zurückhaltend und laufen meist mit eingeklemmter Rute umher. Da sie sich permanent im Streß befinden, schnappen sie aus Furcht und Hysterie leicht zu. Solche Tiere gehören nicht in eine Familie mit Kindern! Zeigt Ihr Hund nach dem Kauf ein derartiges Verhalten, sollten Sie sich von ihm trennen – auch wenn es schwer fällt.

2 Deutliche Zeichen von Angst: Geduckter Körper, angelegte Ohren, eingeklemmte Rute.

Imponierverhalten
Ein imponierender Hund steht steifbeinig da, hält die Rute hoch erhoben und sträubt die Rückenhaare, um so groß wie möglich zu wirken. Die Ohren sind aufgestellt und nach vorne gerichtet, der Blick ist starr. Rüden imponieren sich gegenseitig, um festzustellen, wer der Überlegene ist. Fühlen sich beide gleich stark, kann das Imponieren in Drohen und sogar in einen Kampf übergehen.

Bedeutung für die Familie: In der Familie wird der Hund dieses Verhalten in der Regel nicht zeigen. Sollte der Hund beim Gassigehen einem Artgenossen imponieren, kann es zu Auseinandersetzungen kommen. Kinder dann vom Hund fernhalten (→ Raufende Hunde, Seite 52).

4 Hier ist Vorsicht geboten: Mit steil aufgerichteter Rute, gesträubtem Nakkenfell und gefletschten Zähnen droht der Hund seinem Gegner.

Unterwürfigkeit
Zeichnung 3
Bei der aktiven Unterwerfung, auch »soziales Grüßen« genannt, bezeugt der Rangniedere dem Ranghöheren gegenüber seine Freundschaft. Seine Körperhaltung ist dabei entspannt, die tiefgehaltene Rute wedelt schnell. Die Mundwinkel werden nach hinten gezogen, die Ohren zurückgelegt.
Bedeutung in der Familie: Wenn der Hund diese Signale zeigt, will er die Hände und das Gesicht »seines« Menschen lekken. Dieses Verhalten stammt aus der Welpenzeit, als der Welpe durch Lecken des Fanges die Mutterhündin dazu animierte, Futter für ihn hervorzuwürgen.
Bei der passiven Unterwerfung legt sich der Hund auf den Rükken und präsentiert Hals und Bauch (→ Zeichnung 3). Mit angelegten Ohren und eingeklemmer Rute wird der Blickkontakt mit dem Gegner vermieden. Dieses Verhalten löst in der Regel beim Stärkeren eine Beißhemmung aus, der Kampf wird ohne Verletzung beendet.
Bedeutung für die Familie: Wenn sich der Hund vor Menschen auf den Rücken rollt und die Rute einzieht, bezeugt das tiefes Vertrauen und Geborgenheit. Streicheln Sie oder Ihre Kinder den Hund und sprechen Sie freundlich mit ihm, wenn er dieses Verhalten zeigt.

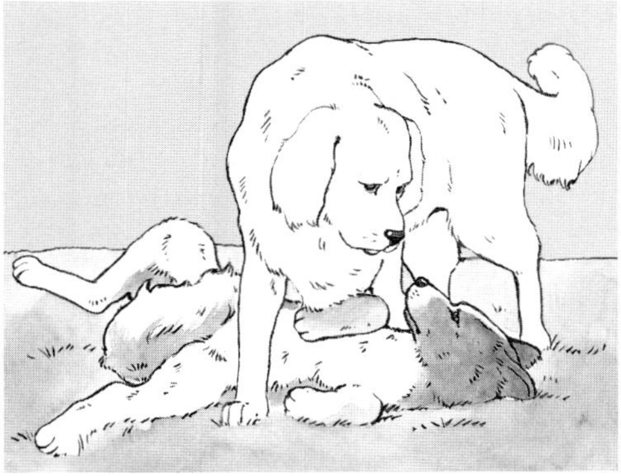

3 Der Schwächere signalisiert seine Unterwürfigkeit. Der Stärkere bricht seinen Angriff ab.

Zeichen vor dem Angriff
Zeichnung 4
Bevor der Hund angreift, droht er seinem Gegner, egal ob anderer Hund oder Mensch.
Warnritual: Der Hund macht sich größer, um zu imponieren. Die Rute ist steil erhoben, ohne zu wedeln. Die Nackenhaare werden aufgestellt, die Lefzen hochgezogen, die Zähne knurrend gefletscht (→ Zeichnung 4).
Bedeutung für die Familie: Der Hund wurde gereizt und zeigt an, daß seine Toleranzgrenze erreicht ist. Handlung, die diese Reaktion auslöste, sofort einstellen.
Angriff: Wird ein drohender Hund weiter gereizt, kann er zum Angriff übergehen.
Bedeutung für die Familie: Ein Mitglied des »Familienrudels« wird der Hund nur dann angreifen, wenn er entweder zu stark gereizt wurde oder er sich selbst innerhalb der Rangordnung an die Spitze stellt. Dieses Verhalten erfordert von der Familie auf jeden Fall Konsequenzen (→ Wenn der Hund Probleme bereitet, Seite 38).

Ratschläge zum Kauf

Er sieht nicht nur frech aus, er ist es auch! Jetzt fehlt nur noch der richtige Spielkamerad zum Toben und Tollen.

Wenn die Kinder nicht nachgeben und ihr Wunsch nach einem Hund immer fordernder wird, lassen Sie sich ruhig davon überzeugen, einen Vierbeiner anzuschaffen. Sobald der Hund bei Ihnen lebt, wird der letzte Zweifel rasch beseitigt, die Familie begeistert und der neue Hausgenosse binnen kurzem heiß geliebt und für alle unentbehrlich sein.

Überlegungen vor dem Kauf

Wenn sich Eltern und Kinder entschließen, die Verantwortung für einen Hund zu übernehmen, müssen sie dazu auch langfristig stehen können. Die normale Lebenserwartung eines Hundes liegt zwischen 10 und 15 Jahren. Niemals darf man ein Tier spontan aus einer momentanen Laune heraus anschaffen!

Der folgende Fragenkatalog soll Ihnen bei der Entscheidung helfen, ob ein Hund für Ihre Familie das richtige Heimtier ist.

• Kennen Sie die Ansprüche Ihres zukünftigen Hausgenossen? Jeder Hundetyp hat spezielle Bedürfnisse, denen Sie gerecht werden müssen. Um keine Überraschungen zu erleben, sollten Sie sich unbedingt vor dem Kauf eingehend über Charakter und Eigenart der gewünschten Rasse informieren.

• Können Sie täglich die optimale Versorgung des Hundes garantieren? Haben Sie genügend Zeit zum Gassigehen, zur Fellpflege und zur täglichen Beschäftigung mit ihm? Ein Hund sollte am Tag nicht länger als 3 bis 4 Stunden allein sein.

• Sind Sie bereit, eines Tages allein für die Versorgung des Hundes zuständig zu sein? Selbst wenn Ihre Kinder anfangs feierlich schwören, zuverlässig für den Hund zu sorgen, kann der Moment kommen, an dem die ganze oder ein großer Teil der Arbeit an den Eltern hängenbleibt.

• Haben Sie in den ersten Monaten genügend Zeit für die Erziehung des Hundes? Sie ist ausschließlich Aufgabe der Eltern, nicht die der Kinder.

• Erlaubt der Vermieter die Hundehaltung? Überprüfen Sie Ihren Mietvertrag dahingehend. Informieren Sie auch Ihre Nachbarn rechtzeitig vom geplanten »Familienzuwachs«.

• Können Sie garantieren, daß Ihr Hund, wenn Sie einmal ohne ihn in Urlaub fahren, gut versorgt ist? Fragen Sie Verwandte oder Freunde, ob sie bereit sind, sich in dieser Zeit zuverlässig um ihn zu kümmern.

• Ist in Ihrer Familie jemand allergisch gegen Tierhaare? Klären Sie dies mit Ihrem Arzt ab, bevor der Hund ins Haus kommt.

• Sind Sie bereit, die Kosten für Hundesteuer, Futter, Pflegeartikel und Tierarztbesuche zu tragen? Der Abschluß einer Hundehaftpflichtversicherung wird dringend empfohlen.

• Ist der Hund auch in 10 oder 15 Jahren noch gut versorgt? Vielleicht wollen Sie – falls Sie jetzt Hausfrau oder Hausmann sind – später wieder berufstätig sein; Ihre Kinder sind dann zwar schon älter und selbständiger, werden inzwischen aber vielleicht von ihrer Ausbildung beansprucht.

Hunde sind soziale Wesen. Sie wollen immer und überall dabei sein.

Der richtige Zeitpunkt für den Kauf
Einen Hund in eine bereits vorhandene Familienstruktur zu integrieren, ist normalerweise kein Problem. Warten Sie damit aber, bis Ihr jüngstes Kind verständig genug ist, einfache Verhaltensregeln im Umgang mit dem Hund zu begreifen. Das wird im Alter von etwa 3 Jahren der Fall sein. Bei einem jüngeren Kind besteht die Gefahr, daß neugierige Lebewesen aufeinandertreffen, die sich in ihrem Forschungsdrang gegenseitig weh tun könnten.

Beispiel: Der Hund könnte vor einem lauten Kreischen des Kindes erschrekken und zwicken. Diese schlechte Erfahrung mit dem Hund (→ Seite 8) gräbt sich in das Gedächtnis des Kindes ein, es könnte dann Angst vor Hunden bekommen. Umgekehrt könnte das Kind wiederholt in die Augen des Hundes greifen oder ihn unsanft an Fell oder Ohren ziehen. Der Hund könnte dann möglicherweise eine dauerhafte Abneigung gegen Kinder entwickeln.

Die Qual der Rassenwahl
Vielleicht haben Sie schon eine bestimmte Rasse im Auge, die Ihnen vom Aussehen her gut gefällt oder an die Sie schöne Kindheitserinnerungen knüpfen. Denken Sie daran, daß Ihr zukünftiger Hausgenosse sich harmonisch in die Familie einfügen soll. Deshalb ist es ratsam, sich vorab anhand einschlägiger Literatur über das Wesen, die Eigenarten und die Ansprüche der gewünschten Rasse gründlich zu informieren. Die Bedürfnisse des Hundes sollten dann allerdings auch erfüllt werden. So ist es wenig sinnvoll, sich einen Jagd- oder Hütehund anzuschaffen, wenn er nicht seinen Bedürfnissen gemäß beschäftigt werden kann.
Wenn Sie sich noch nicht auf eine bestimmte Rasse festgelegt haben, stehen Sie vor der schweren Aufgabe, aus der Vielfalt der Hunderassen den richtigen Hund auszusuchen. Berücksichtigen Sie dabei auch den »Favoriten« Ihrer Kinder und lassen Sie sie an der Entscheidung teilhaben.

Mein Rat an die Eltern
Wählen Sie eine Rasse, die vom Wesen und Temperament her gut zu Ihrer Familie und Ihren Wohnverhältnissen paßt.
• Einen großen, lauffreudigen Hund (zum Beispiel einen Retriever) sollte man nicht in eine enge Stadtwohnung sperren, einen kurzbeinigen Hund mit langem Rücken (zum Beispiel einen Dackel) nicht im 4. Stock in einem Haus ohne Lift halten. Für kleine Stadtwohnungen eignen sich am besten kleine bis mittelgroße Hunde; größere Hunde fühlen sich nur in einem Haus mit Garten richtig wohl.
• Orientieren Sie sich bei der Rassenwahl auch an Ihren eigenen Bedürfnissen. Menschen, die nicht so gerne an die frische Luft gehen, sind besser mit einem etwas bequemeren Hund beraten. In eine sportliche Familie, die viel im Grünen unterwegs ist, paßt dagegen ein ausdauernder Hund hervorragend, der freudig alle Unternehmungen mitmacht.
• Wählen Sie vor allem einen kinderfreundlichen Familienhund, der gutmütig, verspielt und robust ist (→ Beliebte Familien-Hunderassen, Seite 7). Übersensible, lärmempfindliche und nervöse Hunde sind in einer Familie mit Kindern fehl am Platze.

So trägt man den Welpen richtig: Eine Hand stützt das Hinterteil, die andere Hand den Rücken.

Ihr Herz schlägt für einen Mischling
Gegen Mischlingshunde ist nichts einzuwenden. Meist sind sie treue, kluge, anpassungsfähige und robuste Tiere, die sich sehr gut in eine Familie einfügen. Da bei jedem Mischling aber unterschiedliche Hunderassen beteiligt sind, können bestimmte Wesenszüge nicht ohne weiteres festgelegt werden. Mitunter »streiten mehrere Seelen in einer Brust«, die zu einem quirligen, nicht immer berechenbaren Hundewesen beitragen.

Ein Welpe soll es sein
Wenn Sie sich für einen Welpen entscheiden, kann die ganze Familie an allen Entwicklungs- und Lebensstadien des Hundes teilhaben. Auf diese Weise lernt man die Wesensmerkmale, Ausdrucksweisen und Bedürfnisse des Tieres sehr genau kennen. Allerdings benötigen Sie viel Zeit, Geduld und Verständnis, bis der kleine Vierbeiner stubenrein und richtig erzogen ist.
Kauf beim Züchter: Einen Welpen sollten Sie niemals übereilt kaufen. Erkundigen Sie sich beim Verband für das Deutsche Hundewesen (→ Adressen, Seite 62), in dem alle Rassehundeverbände organisiert sind, nach seriösen Züchtern der gewünschten Rasse.
Ein guter Züchter läßt seine Hunde im direkten Familienanschluß aufwachsen und nicht in einem abseits des Wohnhauses gelegenen Zwinger. Er zeigt Ihnen gerne Welpen und Mutterhündin. Alle Hunde sind sauber und gepflegt, ihr Verhalten dem Züchter gegenüber ist entspannt und angstfrei. Ein seriöser Züchter will für seine Welpen den bestmöglichen Platz finden. Akzeptieren Sie deshalb Fragen darüber, wie der Welpe bei Ihnen leben wird.
Hinweis: Legen Sie besonderen Wert darauf, den Hund nur bei einem Züchter zu kaufen, der seine Welpen regelmäßig in Kontakt mit Kindern bringt. Nur wenn der Hund schon in frühester Jugend gute Erfahrungen mit Kindern gemacht hat, ist er für ein Leben als Familientier bestens gerüstet.
Auswahl Ihres Welpen: Vertrauen Sie dabei auf den Rat des Züchters. Er kennt die Welpen und kann schon jetzt künftige Charaktereigenschaften in Grundzügen voraussagen. Sicherlich empfiehlt er den für Sie am besten geeigneten Welpen. Im Alter von 8 bis 10 Wochen sollte der Welpe dann zu Ihnen nach Hause kommen.

Mein Rat an die Eltern
Kaufen Sie keinen Welpen aus dem Schaufenster, auch wenn er noch so treuherzig schaut. Auch mittels Zeitungsannonce sollte man den zukünftigen Hausgenossen nicht suchen. Hunde, die hinter Glas oder über Zeitungen verkauft werden, stammen meist aus »Massenproduktionen«. Die Gefahr, daß sie während ihrer Prägungsphase nicht genug Kontakt zu Menschen hatten, ist groß. Verhaltensstörungen sind die Folge, und das kann zu Problemen führen. Solche Tiere gehören nicht in Familien mit Kindern!

Entscheidung für einen älteren Hund
Die Anschaffung eines erwachsenen Hundes erscheint mir nicht empfehlenswert, wenn Ihre Kinder unter 10 Jahre alt sind. Anpassungs- und Lernfähigkeit eines Hundes werden mit zunehmendem Alter geringer. Vor allem, wenn das Tier bis dahin die Gesellschaft von Kindern nicht gewohnt war, wird es Schwierigkeiten haben, sich an die neue Situation zu gewöhnen. Das hängt vor allem damit zusammen, daß ältere Hunde bereits Erfahrungen und Erlebnisse hinter sich haben, von denen sie nicht nur als Welpen, sondern im ganzen bisherigen Leben geprägt wurden (→ Entwicklungsphasen des Welpen, Seite 14).
Hunde aus dem Tierheim sind häufig Opfer einer leidvollen Vergangenheit, die sich auch auf ihr Verhalten auswirkt – leider oft negativ. Wenn Sie also einen Hund aus dem Tierheim wollen, sollten Sie nur ein Tier wählen, von dem genau bekannt ist, daß es ein gutmütiges, sanftes Wesen hat und Kinder liebt. Ein solcher Hund wird dann allerdings auch »seine« Familie mit einem Höchstmaß an Anhänglichkeit und Treue belohnen.

Auch der Hund hat Rechte

Ein Hund kommt ins Haus. Nun beginnt eine schöne, erlebnisreiche und manchmal turbulente Zeit, die die ganze Familie begeistern wird. Liebe und Verständnis allein genügen jedoch nicht, um dem Hund ein glückliches Leben zu ermöglichen. Jeder Hund hat auch seine Rechte, die sich in seinen Bedürfnissen und Ansprüchen ausdrücken. Und die gilt es – für die Eltern wie für die Kinder – zu erkennen, zu erfüllen und zu respektieren.

Die artgerechte Unterbringung
Bereits vor der Anschaffung eines Hundes muß sich die Familie im klaren werden, wo und wie der neue Hausgenosse untergebracht sein soll.
<u>Haus- oder Wohnungshaltung:</u> Die größte Bereicherung für die ganze Familie und den Vierbeiner ist es, wenn der Hund ständig inmitten seines »Menschenrudels« in der Wohnung oder im Haus leben darf. Viele Erlebnisse des Alltags fordern dabei seine Aufmerksamkeit und verlangen eine entsprechende Reaktion darauf. Umgekehrt ist das ständige Zusammenleben mit dem Vierbeiner auch ein großer Gewinn für die Familie. Kinder haben hier die beste Gelegenheit, ihren Hausgenossen zu beobachten, seine Stimmungen deuten und verstehen zu lernen und eine tiefe Bindung zu ihm aufzubauen.
<u>Zwingerhaltung:</u> Nur wenn der Hund die überwiegende Zeit im Haus bei seiner Familie verbringt, schadet es ihm nicht, nachts im Zwinger zu bleiben. In der Regel passiert auch im Familienrudel zur Schlafenszeit nicht viel. Eine reine Zwingerhaltung ist jedoch nicht artgerecht, da dem Hund der Anschluß an »seine« Menschen fehlt. Welpen und Junghunde sollten stets Familienanschluß haben, da sie den engen Kontakt zu »ihren« Menschen für ihre Entwicklung brauchen.
<u>Kettenhaltung</u> ist Tierquälerei und aus diesem Grund strikt abzulehnen. Derart gequälte Hunde sind in der Regel verhaltensgestört und eine Gefahr für die Mitmenschen.

Ein ruhiges Plätzchen
Im Haus oder in der Wohnung braucht der Hund einen Stammplatz. Hier verbringt er die Nacht, hier ruht er tagsüber und kann auch mal ungestört einen Hundekeks oder einen Büffelhautknochen knabbern. Der Stammplatz des Hundes ist gleichzeitig sein »Hoheitsgebiet« und sein Reich. Hat er sich dorthin zurückgezogen, zeigt er an, daß er seine Ruhe haben möchte. Auch die Kinder müssen das verstehen und respektieren. Sie sollten ihn jetzt nicht weiter stören, zum Spielen animieren oder gar von seinem Platz wegzerren.
<u>Standort:</u> Richten Sie den Stammplatz Ihres Hundes in einer ruhigen, zugfreien Zimmerecke ein, von der aus der Vierbeiner alles im Raum beobachten kann. Hunde sind ausgesprochen neugierig und wollen sehen, was um sie herum passiert. Das Hundebett sollte nicht neben der Heizung liegen, da es dem Hund ansonsten leicht zu warm werden kann.
<u>Ausstattung:</u> Ob Sie einen Hundekorb aus dem Zoofachhandel kaufen oder Ihrem Hund selbst eine stabile Kiste basteln, bleibt Ihnen überlassen. Korb oder Kiste sollten jedoch so groß sein, daß sich der Hund darin bequem ausstrecken kann.
Als Unterlage eignen sich für den Korb passend zurechtgeschnittene Teppichbodenreste oder abwaschbare Kissen. Im Zoofachhandel gibt es spezielle Korbeinlagen.

»Schön auspendeln. Wenn du herunterfällst, kannst du dich an mir festhalten«.

Die gesunde Ernährung

Auch beim Hund ist die Nahrungsaufnahme ein wesentlicher Bestandteil seines Lebens. Schon als Welpe hat er gelernt, sich unter den Wurfgeschwistern durchzusetzen und sein Fressen zu verteidigen. Das wird er auch in seinem Familienrudel machen. Erklären Sie deshalb Ihren Kindern, daß sie den Hund beim Fressen unbedingt in Ruhe lassen sollen und ihm keinesfalls den Futternapf wegnehmen dürfen. Er sollte nicht das Gefühl bekommen, sein Futter gegenüber den Kindern verteidigen zu müssen.

Ein fester Futterplatz ist wichtig. So weiß der Hund, daß er hier – stets zur gleichen Zeit – gefüttert wird und jederzeit eine Schüssel mit frischem Wasser vorfindet.

Welpen benötigen eine spezielle Welpenkost (aus dem Zoofachhandel), die auf mehrere Portionen über den Tag verteilt wird. Wenn Sie Ihren kleinen Hund abholen, erhalten Sie vom Züchter erste Anleitungen zur Ernährung. Sicherlich gibt er Ihnen auch einen kleinen Vorrat des Futters mit, das der Welpe gewöhnt ist. Dadurch vermeiden Sie eine allzu abrupte Futterumstellung, die bei manchen Hunden zu Verdauungsproblemen führt.

Ausgewachsene Hunde bekommen nur einmal am Tag Futter. Der Hund sollte nach der Nahrungsaufnahme ruhen und nicht herumtoben. Bewährt hat sich deshalb die Fütterung am Abend, weil dann der Körper des Hundes die ganze Nacht Zeit hat, die Nahrung zu verwerten. Sie können das Futter auch auf täglich zwei Fütterungstermine aufteilen, zum Beispiel am Morgen eine kleinere Portion und am Abend dann die Hauptration.

Mein Tip: Am einfachsten ist die Fütterung mit Fertigfutter, da es äußerst schwierig ist, eine gesunde, ausgewogene Futtermischung mit allen nötigen Nährstoffen, Vitaminen und Mineralien für den Hund selbst zuzubereiten.

Vom vielen Spielen mit »seinen« Kindern müde, gönnt sich der Dackel eine kurze Ruhepause in seinem Körbchen.

Täglich bewegen und spielen

Zu den elementarsten Bedürfnissen eines Hundes gehört es, sich zu bewegen. Das ist leicht nachvollziehbar, da die Ahnen der Haushunde, die Wölfe, im Rudel jagende Lauftiere sind. Allerdings sind unter der Vielzahl der verschiedenen Hunderassen nicht nur extreme Renner, sondern alle Spielarten bis hin zum bequemen Faulenzer vertreten. So kann heute jeder Hundebesitzer den für seine Ansprüche passenden Vierbeiner finden.

Täglich ausreichend Bewegung aber braucht jeder Hund, um fit und gesund zu bleiben. Deshalb sollte jeden Tag genügend Zeit für Spaziergänge und Spiele sein. Hier können auch sehr gut Ihre Kinder aktiv werden, deren Bewegungsbedürfnis dem des Hundes in nichts nachsteht (→ PRAXIS Spiele mit dem Hund, Seite 34 und 35). Mindestens einmal am Tag sollte ein längerer (etwa einstündiger) Spaziergang unternommen werden, bei dem das Tier ausgiebig Gelegenheit zum Schnüffeln und Toben hat.

Wieviel Bewegung der Hund braucht, hängt von Rasse und Trainingszustand ab. Ein langhaariger, schwerer Hund wie etwa der Berner Sennenhund eignet sich nicht für Hochleistungssport, er bevorzugt eher gemächliche Wanderungen. Auch sehr kleine, kurzbeinige Rassen fühlen sich bei einem Spaziergang wohler als bei einem Fahrradausflug. Beobachten Sie Ihren Hund mit wachen Augen, dann werden Sie bald herausfinden, wieviel Bewegung er nötig hat.

Gesundheitsvorsorge beim Hund

Ein Hund aus guter Zucht ist meist robust und wenig krankheitsanfällig. Als Voraussetzung für seine Gesunderhaltung braucht er die richtige Ernährung, genügend Bewegung, gute Pflege und natürlich viel Zuwendung. Ebenso wichtig sind regelmäßige Vorsorgemaßnahmen wie die Entwurmung des Hundes sowie die Schutzimpfungen. In jährlichem Abstand impft der Tierarzt gegen Tollwut, Staupe, Hepatitis, Leptospirose und Parvovirose, die beim Hund tödlich verlaufen können. Bei dieser Gelegenheit untersucht der Tierarzt auch den gesundheitlichen Gesamtzustand des Hundes.

Krankheitsanzeichen erkennen: Natürlich kann der Hund trotz bester Pflege einmal krank werden. Wenn er plötzlich Veränderungen in seinem Verhalten zeigt oder keine Lust mehr zum Fressen hat, könnten das erste Anzeichen einer Krankheit sein. Hier sind Kinder oft die besseren Beobachter, da sie sich täglich viel mit dem Hund beschäftigen. Leiten Sie Ihre Kinder dazu an, daß Sie Ihnen jegliche Verhaltensänderungen des Hundes sofort mitteilen. Beobachten Sie dann Ihren Hund aufmerksam und ziehen Sie gegebenenfalls einen Tierarzt zu Rate.

Was Kinder respektieren sollten

- Das Kind muß lernen, daß der Hund als eigenständiges Lebewesen Bedürfnisse und Eigenheiten hat, die es zu respektieren gilt. Ein Hund ist kein Spielzeug, das immer dann funktioniert, wenn das Kind Lust dazu hat, sondern er ist ein gleichberechtigter Spielkamerad. Zeigt der Hund an, daß er genug vom gemeinsamen Toben hat, muß dies akzeptiert werden.
- Wenn der Hund seinen Stammplatz aufsucht, will er seine Ruhe haben. Egal, ob er dann schläft, döst oder einen Knochen knabbert, das Kind sollte ihn jetzt zufrieden lassen und nicht weiter zum Spielen animieren.
- Solange der Hund frißt oder trinkt, darf ihn das Kind nicht stören. Es sollte ihm niemals den noch gefüllten Futternapf oder einen Knochen wegnehmen, da der Hund sein Futter verteidigen könnte.
- Wenn sich der Hund mit dem Lieblingsspielzeug in eine Ecke zurückzieht, sollte das Kind es ihm nicht wegnehmen.
- Wenn sich der Hund einmal nicht in Topform zeigt, wenn er krank oder verletzt ist oder Schmerzen hat, muß das Kind Rücksicht auf sein gesteigertes Ruhebedürfnis nehmen. Tröstende Streicheleinheiten dürfen natürlich trotzdem sein.

Der Hund in der Familie

Gemeinsam in der Hundehütte lassen sich wunderbar die nächsten Streiche aushekken.

Erste Kontaktaufnahme
Das erste Zusammentreffen von Kind und Hund sollte in Abhängigkeit von der Entwicklung des Kindes erfolgen. Schon vor dem Einzug des zukünftigen Hausgenossen in die Familie können »Schnupperbesuche« helfen, erste Kontakte zwischen Kind und Hund zu knüpfen und Sympathien herzustellen.
Kind und Welpe: Ist Ihr Kind etwa 3 Jahre alt, sollten Sie es zum Züchter oder ins Tierheim mitnehmen, wenn Sie den Welpen auswählen. Es wird mit Begeisterung die Schar der kleinen Hunde betrachten und bestimmt auch offen für einige Erklärungen sein, die die Bedürfnisse des Tieres betreffen. Es schadet auch nicht, wenn Ihr Kind den Welpen streichelt oder auf dem Arm trägt. Ein älteres Kind ab etwa 6 Jahren kann bereits mithelfen, den zukünftigen Familienhund auszusuchen.
Kind und älterer Hund: Ein erwachsener Hund aus dem Tierheim sollte nur dann in die Familie kommen, wenn Ihr Kind bereits 10 Jahre alt ist. Auch sollte Ihr Kind unbedingt beim Auswählen des Hundes dabei sein. So können Sie gleich beim ersten Besuch im Tierheim erkennen, ob sich Kind und Hund »gut riechen« können. Das ist besonders beim älteren Hund wichtig, da er eine etwas längere Anlaufzeit in der neuen Familie braucht (→ Entscheidung für einen älteren Hund, Seite 23).
Die erste Begegnung mit dem Hund: Erklären Sie Ihrem Sprößling, daß er bei der ersten Begegnung ruhig und langsam auf den Hund zugehen und ihm zunächst den Handrücken hinhalten sollte, damit der Hund daran schnüffeln kann. Schärfen Sie Ihrem Kind ein, daß es nicht laut schreien oder »vor Begeisterung quietschen« darf. Der Hund könnte sonst vielleicht vor Schreck oder Angst zuschnappen. Natürlich darf das Tier auch nicht an Ohren, Schwanz oder Fell gezogen oder auf andere Weise gereizt werden.

Der Welpe kommt ins Haus
Endlich ist es soweit, der Welpe wird nach Hause gebracht. Der Tag der Abholung ist für ihn ein einschneidendes Erlebnis, da er zum ersten Mal von seiner Mutter und den Wurfgeschwistern getrennt wird. Sie können dem Welpen die Eingewöhnung erleichtern, wenn Sie dem Züchter schon einige Wochen, bevor Sie den Kleinen abholen, ein altes Kleidungsstück von sich übergeben. Dieses legt der Züchter dem Welpen in die Wurfkiste, damit es den vertrauten Geruch des Rudels annimmt.
Transport nach Hause: Wenn Ihr Kind bereits 5 Jahre alt ist, sollten Sie es zum Abholen des Welpen mitnehmen. Erklären Sie ihm aber vorher schon, daß es sich ruhig verhalten sollte, um den kleinen Vierbeiner nicht zusätzlich noch aufzuregen. Lassen Sie sich von einem zweiten Erwachsenen begleiten. So kann einer fahren, während der andere den kleinen Hund auf dem Schoß hält. Er liegt dabei auf dem Kleidungsstück, das er schon kennt. Umhüllt von der vertrauten Witterung des alten Rudels wird er die Fahrt gut überstehen. Bei einer längeren Fahrt etwa stündlich eine Pause einplanen.

Der Hund als »Babysitter«. Aufmerksam wacht er über den jüngsten Familienzuwachs.

Die ersten Tage und Nächte

Behutsam eingewöhnen: Anfangs braucht der Welpe Zeit und Ruhe, um sich im neuen Heim einzuleben. Beides sollten Sie ihm gewähren. Legen Sie gleich nach der Ankunft das vertraute Kleidungsstück in seinen Korb, setzen Sie dann den Welpen hinein und lassen Sie ihn zunächst zufrieden. Erklären Sie Ihren Kindern, daß sie den Neuankömmling nur ruhig beobachten und nicht gleich auf ihn zustürzen sollten.

Es wird nicht lange dauern, bis der Welpe die ersten Eindrücke verarbeitet hat und sich neugierig aufmacht, sein neues Heim und Rudel zu erforschen. Auch wenn es Ihren Kindern sicherlich sehr schwer fallen wird, daß sie jetzt, da der langersehnte Welpe endlich im Haus ist, nicht gleich mit ihm spielen dürfen: Die Initiative für gemeinsame Spiele und Unternehmungen sollte in der ersten Woche grundsätzlich vom Hund ausgehen. Später ergibt es sich dann ganz von selbst.

PRAXIS Kontakte mit dem Hund

Der Hund ist kein Spielzeug
Diese Aussage gilt als oberster Grundsatz in der Beziehung zwischen Kind und Hund. Spielsachen sind tote Gegenstände ohne Gefühle oder eigenen Willen, mit denen das Kind nach Belieben umgehen kann. Ein Hund, überhaupt Tiere, sind genau das Gegenteil davon. Wer einem Kind einen Welpen überläßt, handelt im höchsten Maße unverantwortlich und legt möglicherweise die Saat für spätere Unglücksfälle. Die Schuld für Versäumnisse tragen nicht das Kind, schon gar nicht der Hund, sondern allein die Eltern!
Bei richtiger Behandlung kann der Hund etwas werden, was viel schöner und wertvoller ist als Spielzeug: ein treuer, anhänglicher Spielkamerad. Ein Lebewesen, das man – natürlich immer unter Respektierung seiner Rechte als Tier – wunderbar ins Spiel einbeziehen kann. Von dieser Beziehung profitieren dann beide, Kind und Hund.

Hund und Kind in verschiedenen Altersstufen
Je nach Alter und Reife des Kindes wird der Kontakt zum Hund unterschiedlich ausfallen. Die anfängliche Aufmerksamkeit der Eltern, die unabdingbar ist, wenn ein kleines Kind mit dem Hund zusammenkommt, weicht im Laufe der Jahre dem Vertrauen und dem Wissen, daß

1 Kleine Kinder sollten behutsam an den Hund herangeführt werden.

das Kind in der Gesellschaft des Hundes bestens aufgehoben ist. Daß es in ihm einen tollen Spielkameraden, einen wachsamen Beschützer und einen treuen Freund hat, der sich für alle Spiele begeistert und immer da ist, wenn er gebraucht wird.

Hund und Säugling
Säugling und Hund können nur wenig miteinander anfangen. Deshalb sollten beide nur zu kurzen, von den Eltern beaufsichtigten Schnupperkontakten zusammengebracht werden. Wie man einen älteren Hund an ein Baby gewöhnt, erfahren Sie auf Seite 32.

Hund und Krabbelkind
Krabbelkinder sind Eroberer. Auch der Hund gehört zu den neuen Eindrücken und will im wahrsten Sinne des Wortes »begriffen« werden. Da heißt es gut aufpassen: Krabbelkinder ziehen schmerzhaft am Fell und fassen mit ihren Fingern in die Augen des Hundes. Hund und Krabbelkind darf man deshalb nur unter Aufsicht zusammenkommen lassen.

Hund und Kleinkind
Zeichnung 1
Zwischen einem erwachsenen Hund und einem 2- bis 3-jährigen Kind wird das Verhältnis immer unkomplizierter. Dennoch sollten die Eltern nach wie vor beaufsichtigen, wenn Hund und Kind miteinander spielen.

Hund und Kindergartenkind
Zeichnung 2
Jetzt kann das Kind schon kleine Aufgaben übernehmen. Es darf den Hund an der Leine führen, wobei ein Elternteil das Ende der Leine aber immer in Händen behält. Das Kind darf auch schon beim Füttern helfen. Denken Sie daran, daß gerade beim Füttern die Rangordnung (→ Seite 16) besonders stark

2 Im Kindergartenalter darf das Kind bereits die Leine des Hundes halten.

3 Das Schulkind übernimmt erste Aufgaben: Es gibt dem Hund den gefüllten Futternapf.

zum Tragen kommt. Erklären Sie Ihrem Kind also, daß es dem Hund den Futternapf zwar hinstellen, aber niemals wieder wegnehmen darf, solange der Hund seine Mahlzeit noch nicht beendet hat.

Hund und Schulkind

Zeichnungen 3 und 4

Jetzt hat das Kind eine Reife erreicht, die es ermöglicht, immer mehr Verantwortung für den Hund zu übernehmen. Das Grundschulkind darf alleine den Futternapf reichen, da der Hund aus positiver Erfahrung weiß, daß ihm von diesem Rudelmitglied sein Futter nicht streitig gemacht wird (→ Zeichnung 3). Das Fell des Hundes kann ein älteres Schulkind ab etwa 8 Jahren bereits selbständig bürsten, und auch beim Baden des Hundes darf das Kind assistieren (→ Zeichnung 4).

<u>Den Hund ausführen:</u>

Bei der Überlegung, wann ein Schulkind mit einem Hund Gassi gehen kann, ist die Größe des Hundes, sein Temperament und seine Aggressionsbereitschaft zu bedenken. Auch die Führigkeit des Hundes, also der Grad seiner Erziehung, ist maßgeblich. Ein 9-jähriges, körperlich durchschnittlich entwickeltes Kind hat in der Regel mit einem braven Dackel (oder vergleichbaren Hund) keine Schwierigkeiten, während es mit einem temperamentvollen Boxer (oder einem Hund ähnlicher Konstitution) durchaus zu Problemen kommen kann.

Gibt es in der Gegend, in der der Hund ausgeführt wird, viele Artgenossen, könnte es auch zu Raufereien kommen, denn nicht alle Hunde vertragen sich miteinander. Das Kind darf dann unter keinen Umständen eingreifen (→ Raufende Hunde, Seite 52). Läufige Hündinnen oder kranke Hunde verändern ihr Wesen und sollten deshalb von Kindern unter 14 Jahren grundsätzlich nicht ohne Begleitung eines Erwachsenen ausgeführt werden.

<u>Befehle erteilen:</u>

Achten Sie darauf, daß Ihr Kind nicht versucht, Sie nachzuahmen und dem Hund Kommandos zu geben. Er wird sie nicht unbedingt ausführen, da der Hund in seiner Rangordnung das Kind als niederrangig einstuft (→ Die Rangordnung in der Familie, Seite 16). Kinder dürfen niemals Gehorsam vom Hund erzwingen. Das Befolgen des Befehls verlangt vom Hund eine starke Unterordnung, die er dem Kind gegenüber aber nicht immer bereitwillig zeigen wird.

Kleine Verhaltensrichtlinie

- Kinder vor dem 9. Lebensjahr sollten niemals ohne Begleitung einen Hund ausführen.
- Ab dem 10. Lebensjahr kann das Kind einen gut erzogenen kleinen bis mittelgroßen Hund in bekannten Gebieten alleine Gassi führen.
- Erst Kinder ab 14 Jahren dürfen auch größere Hunde alleine spazieren führen.
- Denken Sie daran: Für Unfälle, die durch Ihren Hund geschehen, haften Sie im vollen Umfang!

4 Mit der Fellpflege wird dem Kind eine verantwortungsvolle Aufgabe übertragen.

Die ersten Tage: Natürlich dürfen Ihre Kinder auch in den ersten Tagen Kontakt mit dem Hund haben, aber nur unter Ihrer Aufsicht. Die Kinder können mehrmals am Tag mit ihm spielen und ihn dabei auch kurz auf den Arm nehmen. Verhindern Sie aber, daß der kleine Hund zwischen den Kindern herumgezerrt wird. Spiele mit dem Welpen sollten anfangs nicht länger als 5 bis 10 Minuten am Stück dauern, dann braucht der kleine Vierbeiner wieder eine Ruhepause. Wie oft und wie lange sich Ihre Kinder in den ersten Tagen mit dem Welpen beschäftigen können, hängt davon ab, wie schnell er sich eingewöhnt und seine Scheu verliert.

Die ersten Nächte: Wahrscheinlich wird der Welpe nachts mit Jaulen oder Heulen auf seine Einsamkeit aufmerksam machen. Die Wärme der Mutterhündin und Wurfgeschwister fehlen ihm sehr. Auch wenn es schwer fällt, sollten Sie und Ihre Kinder das Tier nicht mit ins Bett nehmen. Denn hat es einmal die Annehmlichkeiten genossen, wird es auch in Zukunft nicht darauf verzichten wollen.

Wer könnte diesen putzigen Welpen nicht liebhaben?

Mein Tip: Um dem Welpen die ersten Nächte zu erleichtern, können Sie eine in ein Handtuch gewickelte Wärmflasche und einen tickenden Wecker ins Körbchen legen. Sie ersetzen die Wärme des früheren Rudels und den Herzschlag der Mutterhündin.

Den älteren Hund nicht überfordern

Ein erwachsener Hund braucht zunächst viel Einfühlungsvermögen und Zurückhaltung. Wahrscheinlich wird er eine Weile um das »verlorene Rudel« trauern, zu dem er eine starke Bindung hatte. Je älter der Hund ist, desto stärker leidet er und desto länger dauert die Anpassung an die neue Familie.

Mein Tip: Überfordern Sie ihn nicht durch übertriebene Fürsorge. Zeigen Sie ihm seinen zukünftigen Platz und halten Sie Ihre Kinder etwas zurück. Sie sollten nicht sofort auf ihn zustürzen, sondern abwarten, bis er von sich aus ankommt. Ihr Hund soll seine neue Umgebung in Ruhe kennenlernen können und die Stimmen und Bewegungen der Familienmitglieder erfahren. Bald wird er die Initiative ergreifen, seine Schnauze auf ein Knie legen und damit signalisieren, daß es jetzt Zeit für ein paar Streicheleinheiten ist.

Den Hund an ein Baby gewöhnen

Da dem Hund der Familienzuwachs nicht erklärt werden kann, sieht er sich plötzlich eines Tages, wenn Frauchen mit dem Baby aus der Klinik kommt, mit der neuen Situation konfrontiert. Damit er kein gestörtes Verhältnis zum Säugling entwickelt und ihn nicht als Eindringling in sein Revier betrachtet, sollten Sie ein paar Regeln beachten.

Den Hund auf das Baby vorbereiten: Bereits während der Schwangerschaft sollte man mit dem Hund bestimmte Verhaltensweisen üben, die später von ihm verlangt werden.

Die ersten Kontakte des Säuglings mit dem Hund sollten immer unter Aufsicht stattfinden.

• Wenn das Kinderzimmer nach der Ankunft des Babys für den Hund tabu sein soll, müssen Sie das zukünftige Verbot unbedingt vorher schon aufstellen. Verbieten Sie also bereits mehrere Wochen vorher Ihrem Hund konsequent das Betreten des Zimmers. So wird er es später niemals mit dem Baby in Verbindung bringen.

• Lassen Sie Ihren Vierbeiner ruhig an der Wiege und auch am Kinderwagen schnuppern. Hunde sind neugierig und machen sich gerne mit neuen Möbelstücken vertraut.

• Wenn der Hund sein Frauchen als »Rudelführerin« betrachtet, sollte Herrchen sich vermehrt um den Hund kümmern, je näher der Geburtstermin rückt. Die Trauer des Hundes während der Abwesenheit von Frauchen wegen des Klinikaufenthalts ist nicht mehr so groß, wenn er sich schon vorher stärker an Herrchen angeschlossen hat.

Das Baby kommt nach Hause: Damit Ihr Hund das Baby als Familienmitglied akzeptiert, sollte er möglichst früh und viel Kontakt mit ihm haben.

• Wenn Herrchen Mutter und Baby aus der Klinik abholt, sollte der Hund dabei sein. Während der Heimfahrt reagiert Frauchen auf seine große Wiedersehensfreude, indem sie den Hund streichelt und sich mit ihm abgibt. Für den Hund sieht es dann aus, als ob er zusammen mit dem Stammrudel und dem neuen Rudelmitglied nach Hause kommt. Eine völlig andere Situation, als wenn das Baby gewissermaßen in sein Territorium »eindringt«.

• Zuhause angekommen sollten Sie Ihrem Hund den Familienzuwachs ausgiebig vorstellen. Halten Sie ihm das Baby hin, damit er es betrachten und die Witterung nehmen kann. Viel Lob, wenn er sich brav verhält, helfen, das neue Rudelmitglied zu akzeptieren.

PRAXIS
Spiele mit dem Hund

Für Kinder sind gemeinsame Spiele besonders wichtig. Sie lernen dabei die Vorlieben, aber auch die Grenzen des Hundes kennen und besser einschätzen.

Das richtige Spielzeug

Der Zoofachhandel bietet eine breite Vielfalt an Hundespielzeug an. Es sollte aus Naturmaterialien bestehen und nicht aus Plastik, bemalt, beklebt oder chemisch behandelt sein.

Knabber-Spielzeug ist vor allem für Welpen wichtig: Beißtau, Ziehring, reißfeste Lappen und kräftige, an den Ecken abgerundetete Holzstücke, die nicht splittern, halten spitzen Welpenzähnen stand und befriedigen den Kautrieb. Über Kauknochen aus Büffelhaut freut sich jeder Hund. Ungeeignet ist Spielzeug aus Metall, weichem Kunststoff und bemaltem Holz.

Bälle sollten aus Hartgummi und der Größe des Hundes angemessen sein. Tabu sind Bälle aus weichem Leder und Plastik, die zerrissen und verschluckt werden können.

Quietschtiere sind bei Hunden sehr beliebt. Das Spielzeug muß jedoch den Hundezähnen widerstehen, sonst kann der eingebaute »Quietschkörper« verschluckt werden.

Ballspiele

Zeichnung 1

Ob zu Hause oder im Freien: Ballspiele liebt jeder Hund. Kinder haben die gleiche Ausdauer, den Ball zu werfen oder zu rollen, wie Hunde ihn wieder unermüdlich zurückbringen. Im Freien kann man den Hund rennen lassen, natürlich nur im eingezäunten Garten oder auf großen Wiesen, wo keine Gefahr besteht, daß der Hund dem Ball über eine Straße hinweg nachspringt.

Behalten Sie Ihre Kinder etwas im Auge, denn im Spiel kennen sie oft kein Maß und Ziel. Besonders bei heißem Wetter sollte dieses für den Hund anstrengende Fitneßtraining die Leistungsfähigkeit des Tieres nicht überfordern.

1 Ballspiele sind gut für die Fitneß. Mit Freude jagt der Schäferhund dem Ball nach.

2 Viele Hunde lieben das Wasser und holen mit Begeisterung Stöckchen aus dem See.

Ziehspiele

Ein alter reißfester Lappen aus Baumwolle oder ein Ziehtau (aus dem Zoofachhandel) eignet sich gut für lustige Ziehspiele (→ Zeichnung Seite 11). Der Hund zerrt auf der einen Seite, auf der anderen zieht das Kind oder der Erwachsene. Aber bitte mit Gefühl, sonst können die Zähne des Hundes in Mitleidenschaft gezogen werden. Auch ein dickeres Seil, das nicht aufspleißen oder aus scharfkantigen Plastikfäden bestehen darf, kann verwendet werden.

Apportierspiele

Zeichnung 2

Viele Hunde apportieren mit Leidenschaft und Ausdauer. Ob Bälle, Bringholz Stöckchen oder alte Socken, vie es eignet sich zum Apportieren. Bedenken Sie jedoch, was immer Sie Ihrem Hund zu apportieren gestatten, er macht keinen Unterschied zwischen alt und neu. Und mitunter kann es auch passieren,

daß er Babys Quietschente mit seinem eigenen Spielzeug verwechseln.
Spiele am Wasser: Beim Ausflug an den See kann der Hund ein Stöckchen oder Bringholz aus dem Wasser holen (→ Zeichnung 2). Beaufsichtigen Sie dabei aber Ihre Kinder, denn beim Werfen sollte auf Strömungen geachtet werden. Steilufer grundsätzlich meiden.
Vorsicht auch bei Gewässern, in denen man spitze Gegenstände (zum Beispiel Unrat) unter der Wasseroberfläche vermutet. Der Hund könnte sich beim Hineinspringen verletzen!

3 In seiner eigenen Sandkiste kann der Hund nach Herzenslust buddeln und stöbern.

Gartenspiele
Zeichnung 3
Jeder Hund (und jedes Kind) schätzt die Vorzüge eines Gartens, in dem nach Herzenslust getollt werden kann.
Versteckspiele: Unter Laub, in Tonnen und unter ausgelegtem Zeitungspapier kann man Leckerbissen, Spielzeug oder ähnliches verstecken und dem Hund einen »Suchauftrag« erteilen. Auch Kinder können sich vom Hund suchen lassen: Ein Kind lenkt den Hund ab, ein anderes versteckt sich hinter einem Baum oder einer Mauer. Sobald es außer Sicht ist, erhält der Hund den Suchauftrag.
Buddelkiste: Wenn Sie um Ihre Rosenbeete fürchten, sollten Sie Ihrem wühlfreudigen Hund einen eigenen kleinen Sandkasten einrichten, in dem er nach Lust und Laune graben und buddeln darf (→ Zeichnung 3). Erziehen Sie ihn dazu, die Blumenbeete und den Sandkasten der Kinder von seinen Wühlaktionen zu verschonen. Vergraben Sie Spielsachen in seiner Kiste und lassen Sie ihn diese suchen. Anschließend ausgiebig loben.

Ausdauertraining
Zeichnung 4
Wer es sportlich liebt, findet im Hund einen ausdauernden Begleiter.
Joggen: Der Hund als Partner beim Joggen ist ideal. Jedoch sollten nur ältere Kinder mit dem angeleinten Vierbeiner laufen. Beide, Kind und Hund, können sich dabei gleichermaßen körperlich betätigen und austoben. Das gemeinsame Springen über Hindernisse (immer der Größe des Hundes angepaßt) macht die Sache noch lustiger (→ Zeichnung 4).
Radfahren: Neben dem Fahrrad können besonders größere, lauffreudige Hunde an der Leine mitgeführt werden. Vernünftiges Ausdauertraining schadet dem Tier nicht, es muß allerdings lernen, auf der rechten (verkehrsabgewandten) Seite zu laufen. Die Strecke darf dem Trainingszustand des Hundes entsprechend nur langsam gesteigert werden. Auch hier sollten nur ältere Kinder mit dem Hund üben.
Hinweis: Weder Spiele im Garten, noch Joggen oder Lauftraining neben dem Fahrrad können den täglichen Spaziergang ersetzen, bei dem der Hund Artgenossen treffen und ausgiebig schnüffeln kann.
Ausflüge ins Grüne: Besonders gerne begleitet der Vierbeiner seine Familie auf Wanderungen im Wald, am See, am Strand, in den Bergen oder anderen Ausflügen ins Grüne. So ist er den ganzen Tag mit »seinem« Rudel zusammen und hat gleichzeitig Gelegenheit, eine neue Umgebung kennenzulernen und viele interessante Gerüche aufzunehmen.

4 Gemeinsam über Wiesen zu toben und über Hindernisse zu springen, macht beiden Spaß.

Fellpflege vertieft die Beziehung zwischen Hund und Kind.

Alltag mit Hund und Baby: Beziehen Sie den Hund auch in das Alltagsgeschehen ein.

• Wenn das Baby dann in seinem Zimmer ist, weiß der Hund bereits, daß er draußen bleiben muß. Lassen Sie ruhig die Türe offen, während Sie den kleinen Erdenbürger in sein neues Heim einführen. Hunde sind sehr neugierig und wollen am Geschehen im Rudel teilhaben. Auf diese Weise kann sich der Hund gleich an die ungewohnten Lautäußerungen des neuen Familienmitglieds gewöhnen und sie als zukünftig normale Geräusche in sein Gedächtnis aufnehmen.

• Wenn Sie das Kind füttern, es wikkeln oder mit ihm sprechen, lassen Sie Ihren Hund dabei sein. Er darf ruhig auch schnuppern. Das Baby wird dadurch sicher keinen Schaden erleiden. Reden Sie dabei mit dem Hund, dann fühlt er sich nicht ausgeschlossen.

• Wenn Sie Ihr Baby im Kinderwagen spazierenfahren, nehmen Sie auch Ihren Hund an der Leine mit. Nichts überzeugt einen Hund so sehr von der Normalität seines Lebens, als wenn er Gassi gehen darf. Gut erzogene Hunde gewöhnen sich rasch an das Laufen neben dem Kinderwagen.

Bald wird das Baby für Ihren Hund nichts Besonderes mehr sein. Das neue Mitglied ist ins Rudel aufgenommen und voll und ganz in das Leben des Hundes integriert.

Achtung: Lassen Sie den Hund 5 Wochen vor dem Geburtstermin gründlich untersuchen und entwurmen. Dann sind hygienische Bedenken überflüssig, wenn Ihr Hund Kontakt zum Baby hat. Nie dürfen Sie ihn alleine mit dem Säugling lassen. Durch Liebesbezeugungen des Hundes oder Neugierde könnte für das Baby eine gefährliche Situation entstehen (zum Beispiel Umkippen des Kinderwagens, Sturz von der Wickelkommode).

Verantwortung beim Kind wecken

Ein Hund hat großen pädagogischen Einfluß auf ein Kind, weil es durch ihn ganz selbstverständlich an die Bedeutung von Begriffen wie Verantwortung und Fürsorge herangeführt wird.

»Das ist mein Hund.« Dieses Gefühl erfüllt jedes Kind mit Stolz und bestärkt es in seinem Wunsch nach Selbständigkeit. Den Eltern zu beweisen, daß man alt genug ist, für ein Tier zu sorgen, dafür lohnt es sich, manchmal lästige Pflichten zu übernehmen. Wenn Ihr Kind Ihnen verspricht, »ganz allein« für den Hund zu sorgen, dann meint es das auch. Nur dürfen Sie es dabei nicht wirklich alleine lassen. Jedes Kind kann je nach Alter kleinere oder größere Aufgaben bei der Pflege des Vierbeiners übernehmen, vorausgesetzt, daß Sie es dabei anfangs beaufsichtigen, unterstützen und anleiten (→ PRAXIS Kontakte mit dem Hund, Seite 30 und 31).

»Meinem Hund geht es gut.« Damit sich der Hund in der Familie wohl fühlen kann, sollte das Kind früh lernen, was artgerechte Tierhaltung bedeutet. Dazu gehört in erster Linie, die Bedürfnisse des vierbeinigen Hausgenossen zu erkennen und zu befriedigen. Erklären Sie Ihrem Kind zum Beispiel, daß der Hund eben jetzt Wasser braucht, weil er durstig ist. Das Kind kann diese Notwendigkeit leicht nachvollziehen, da es selbst auch nicht gerne Durst leidet. Auch der Genuß, der mit Fellbürsten verbunden ist, läßt sich leicht vermitteln. In dem Maße, wie das Kind Verantwortung für die Versorgung des Hundes übernimmt, wird auch das Tier veranlaßt, das Kind stärker zu achten. Dies drückt sich dann in größerer Anschmiegsamkeit und später auch in einer Art freiwilligem Gehorsam dem Kind gegenüber aus.

Mit Pflichten nicht überlasten

Es ist sehr wichtig, ein Kind in kleinen Schritten an die Pflichten heranzuführen. Auch wenn das Kind es sich noch so fest vornimmt, niemals kann es die volle Verantwortung für die Pflege des Hundes allein übernehmen. Es darf von den Aufgaben nicht so überfordert sein, daß es die Lust an der Pflege des Tieres verliert oder Haßgefühle entwickelt, weil es jetzt keine Zeit mehr für andere Lieblingsbeschäftigungen (zum Beispiel Sport, mit Freunden spielen) hat.

»Hexi, kannst du mir sagen, wie man einen Hund malt?«

Mein Rat an die Eltern

Muten Sie Ihrem Kind nichts zu, was es nicht leisten kann, lassen Sie es behutsam lernen. Freuen Sie sich über jeden Fortschritt, den Ihr Kind auf dem Weg zum Selbständigwerden macht und zeigen Sie ihm Ihren Stolz darüber. Nur so lernt das Kind, daß Verantwortung nicht nur eine lästige Bürde ist, sondern auch Spaß bringt und Befriedigung und Erfolg vermittelt.

Das Kind verweigert seine Pflichten
Vielleicht stellt sich in Ihrer Familie eines Tages das ein, was Sie von Anfang an befürchtet haben. Der Reiz des Neuen ist verflogen, das Kind hat seine Pflichten satt. Elterliche Vorwürfe wie »Ich wußte ja gleich, daß alles an mir hängen bleiben wird« oder »Wenn du dich um den Hund nicht mehr kümmerst, schaffen wir ihn wieder ab« eignen sich nicht, um dem Kind das verlorengegangene Verantwortungsgefühl wieder zu vermitteln.
Die Ursachen herausfinden: Reagieren Sie sensibel darauf, wenn Ihr Sprößling plötzlich keine Lust mehr hat, seinen Anteil an der Hundeversorgung zu erfüllen. Strafen oder Gardinenpredigten verstärken meist nur den Frust und sind keine Lösung. Sprechen Sie in Ruhe mit Ihrem Kind und analysieren Sie die Ursachen des Problems: Was sind die Gründe für das Verhalten meines Kindes? Wird das Kind durch seine Verantwortung von anderen liebgewonnenen Tätigkeiten abgehalten? Steht das Kind momentan unter einem besonderen (schulischen) Leistungsdruck?

Gemeinsam im Sand buddeln, das macht Kind und Hund doppelt Spaß.

Lösungsvorschläge für die Eltern:
• Das Kind ist überfordert: Nehmen Sie dem Kind zeitaufwendigere Aufgaben vorübergehend ab. Im Tausch dafür tragen Sie ihm kleinere Pflichten auf, die es gewissenhaft erfüllen kann.
• Für das Kind verändert sich eine Situation (höhere schulische Anforderungen, Eintritt in einen Sportverein oder eine Jugendgruppe): Verteilen Sie Aufgaben neu innerhalb der Familie.
• Das Kind ist unterfordert: Der ihm übertragene Verantwortungsbereich bleibt auf einem Niveau stehen, das Kind empfindet die ewig gleiche Aufgabenstellung langweilig. Teilen Sie Ihrem Kind neue Pflichten zu, die die Fürsorge für den Hund wieder spannend und interessant machen.
• Das Kind ahmt seine Eltern nach: Vielleicht haben auch Sie selbst dem Hund zu wenig Aufmerksamkeit geschenkt und ihn nebenbei »mitlaufen« lassen. Kinder imitieren oft das Verhalten ihrer Eltern. Üben Sie Ihre positive Vorbildfunktion wieder aus und zeigen Sie dem Kind, wie verantwortungsbewußte Fürsorge für ein Tier aussieht.
Achtung: Auf keinen Fall darf das Tier unter der Nachlässigkeit des Kindes leiden. Notfalls sind die Eltern allein dafür zuständig, den Hund weiterhin bestmöglich zu versorgen.

Wenn der Hund Probleme bereitet
Manchmal entwickelt ein Hund plötzlich unliebsame Eigenheiten, die in der Familie nicht tolerierbar sind. Forschen Sie nach den Ursachen. In den meisten Fällen liegen die Gründe für das Fehlverhalten des Vierbeiners in Ihren eigenen Fehlern bei der Hundehaltung. Je großzügiger Sie als »Rudelführer« mit der Handhabung der Rangordung (→ Seite 16) umgehen, desto mehr nimmt sich der Hund heraus, da er immer wieder versuchen wird, auf eine

höhere Stufe zu kommen. Das beginnt beim Stibitzen vom Küchentisch und endet bei zähnefletschenden Drohungen, wenn er gerade keine Lust hat, ein Kommando auszuführen.
Erziehungsfehler selbst bereinigen: Nehmen Sie sich vor, in bestimmten Situationen immer auf dieselbe Art zu reagieren. Wenn Sie dem Hund einmal etwas gestatten, muß es ihm immer erlaubt sein. Was ihm einmal verboten wurde, bleibt auch tabu. Nur mit dem nötigen Maß an Konsequenz wird der Hund bereit sein, sich unterzuordnen (→ Erziehung, Seite 40). Grundsätzlich gilt: Alle Erziehungsmaßnahmen sind ausschließlich Angelegenheit eines Ranghöheren, sprich: Erwachsenen.
Eine Hundeschule aufsuchen: Hundeschulen sind durchaus geeignet, der vernachlässigten Erziehung des Vierbeiners wieder auf die Sprünge zu helfen (→ Hundeschulen, Seite 46). Aber auch dort sollten Sie gemeinsam mit Ihrem Hund üben. Halten Sie sich an die Kommandos und Anleitungen des Trainers, damit Sie Ihren Hund nicht mit anderen Befehlen verwirren.
Nur im Notfall den Hund weggeben: In gravierenden Fällen – zum Beispiel wenn er gar nicht mehr gehorcht oder sogar ernsthaft zubeißt – kann es notwendig werden, den Hund wegzugeben. Erklären Sie Ihrem Kind, daß Ihr Hund in einer ruhigeren Umgebung ohne Kinder besser aufgehoben ist. Suchen Sie dem Hund ein neues Zuhause und geben Sie ihn nur in letzter Konsequenz ins Tierheim.

Vom Älterwerden und Sterben

Auch der Hund wird im Laufe der Zeit älter und behäbiger. Je nach Rasse liegt die normale Lebenserwartung zwischen 8 und 15 Jahren.
Die ersten Alterserscheinungen: Sobald sich die Leistungsfähigkeit des Hundes verändert, sollte seine Haltung dem angepaßt werden. Auch ein alter Hund braucht täglich seine Bewegung. Sein Temperament ist jedoch gezügelt und sein Ruhebedürfnis größer. Auch die Kinder sollten das erklärt bekommen und respektieren. Die Spiele richten sich nun nach der Leistungsfähigkeit des Hundes. Wird er müde oder hat er keine Lust mehr, ist das Spiel beendet.
Der letzte Gang zum Tierarzt: Wenn die Belastungen des Alters für das Tier zu schwer werden, sollte man vernünftig genug sein, das Tier von seinen Leiden erlösen zu lassen. Wie schwer der Abschied für die Familie und ganz besonders für die Kinder auch ist, es wäre falsch, ihnen die Krankheit oder den bevorstehenden Tod des vierbeinigen Freundes zu verschweigen. Umso größer ist der Schock, wenn es dann tatsächlich so weit ist. Führen Sie deshalb Ihre Kinder, entsprechend ihrem Alter, an diesen letzten Abschnitt im Leben des Hundes heran. Die Trauer wird dadurch nicht geringer, aber das Gefühl, einem geliebten Freund größeres Leid erspart zu haben, tröstet.
Den letzten Gang sollte der Hund mit seinem »Rudelführer« alleine antreten. Die Familie verabschiedet sich zuhause von ihm. Halten Sie ihn im Arm, wenn er die tödliche Spritze erhält. Dann kann er beruhigt einschlafen. Diesen Dienst sind Sie Ihrem treuen Freund für all die langen Jahre, die er Ihnen Freude bereitet hat, schuldig.
Ein neuer Hund im Haus: Die Leere, die ein Hund hinterläßt, ist groß. Echten Trost bringt nur die Anschaffung eines neuen Vierbeiners, der sich stürmisch und tolpatschig in die Herzen Ihrer Familie drängt. Wann die Zeit dazu gekommen ist, muß jede Familie für sich selbst nach dem eigenen Gefühl bestimmen.

Die Erziehung des Familienhundes

Damit der Hund weiß, was er darf und was nicht, sollten sich alle Mitglieder des »Familienrudels« an einmal festgesetzte Regeln halten.

Gehorsam ist wichtig

Der Hund ist – wie sein Stammvater, der Wolf – ein Rudeltier und benötigt einen Führer, den er respektieren, dem er folgen und gehorchen kann. Innerhalb des »Menschenrudels« (sprich: Ihrer Familie) muß jemand diese Leitposition übernehmen und sie mit Konsequenz und bisweilen Autorität dem Hund gegenüber durchsetzen. Ihr Vierbeiner wird dies akzeptieren, wenn er von Anfang an daran gewöhnt ist. Einen Hund zu erziehen, bedeutet nicht, ihn zu »sklavischem« Gehorsam zu zwingen. Vielmehr sollte der Hund »seine« Menschen respektieren und aus diesem Respekt heraus gehorchen.

Mein Rat an die Eltern

Kinder kommandieren gern die aus ihrer Sicht schwächeren Familienmitglieder (egal, ob jüngere Geschwister oder Hund). Erklären Sie Ihren Kindern jedoch, daß sie den Hund nicht erziehen dürfen. Die Befolgung eines Kommandos verlangt vom Hund, sich unterzuordnen. Da der Hund nach einer festen Rangordnung lebt (→ Seite 16), fügt er sich zwar jedem Ranghöheren. Ein Kommando vom Kind, das für ihn gleichgestellt oder untergeordnet ist, befolgt er aber nicht immer akkurat. Versucht das Kind nun, den Gehorsam des Hundes zu erzwingen (zum Beispiel durch Schimpfen oder Schlagen), könnte der Hund seine höhere Rangposition dem Kind gegenüber deutlich machen (→ Seite 17).
Deshalb gilt: Kinder unter 14 Jahren dürfen den Hund nicht erziehen.

Grundregeln der Erziehung

Damit die Erziehung Ihres Hundes ein voller Erfolg wird, sollten alle Familienmitglieder einige grundsätzliche Regeln beherzigen.

Nur eine Person erzieht! Einigen Sie sich innerhalb der Familie, wer die Erziehung übernimmt. Meist wird diese Aufgabe der Hauptbezugsperson des Hundes zufallen, denn der Vierbeiner lernt leichter, wenn er in der ersten Zeit die Kommandos nur von seinem »Rudelführer« erhält. Später können auch die anderen Familienmitglieder (Kinder erst ab 14 Jahren) mit dem Hund üben.

Konsequenz ist unerläßlich! Einer der wichtigsten Grundsätze in der Hunde-Erziehung ist Konsequenz. Ihr Vierbeiner erwartet klare Regeln, nach denen er sich richten kann. Besprechen Sie deshalb in der Familie, was er darf und was nicht. Es verwirrt den Hund nur, wenn ihm der eine etwas erlaubt, was der andere strikt verbietet.

Klare Kommandos verwenden! Sprechen Sie auch die Kommandos ab, die Sie verwenden wollen. Nur wenn alle die gleichen Befehle benutzen, kennt sich der Hund aus. Alles andere verwirrt ihn. Sämtliche Befehle müssen kurz und prägnant sein.

Regelmäßig üben! Nur wenn Sie die Übungseinheiten regelmäßig wiederholen, wird sich in der Erziehung Ihres Hundes ein spürbarer Erfolg einstellen. Lassen Sie zwischen den einzelnen Lektionen nie zuviel Zeit verstreichen, sonst kann es passieren, daß Ihr Vierbeiner die Kommandos bis zur nächsten »Übungsstunde« vergessen hat.

Ein gut erzogener Hund läuft brav neben dem Kinderwagen, ohne zu ziehen.

PRAXIS Erziehung

Die Erziehung eines Hundes erfordert Zeit, Geduld und Einfühlungsvermögen. Die Mühe wird sich lohnen, denn ein gut erzogener Hund ist eine Freude für seine Umwelt.Dieses Kapitel gibt einen kurzen Überblick über die wichtigsten Übungen. Darüberhinaus sollten Sie sich anhand von Fachliteratur eingehender über die Erziehung des Hundes informieren (→ Seite 63).

1 An der Leine zu gehen, ohne daran zu zerren, muß jeder Hund lernen.

Die Leinenführigkeit
Zeichnung 1
Das Gehen an der Leine ist eine der wichtigsten Übungen, die der junge Hund möglichst früh, aber ohne Zwang lernen sollte. Legen Sie ihm zunächst ein leichtes Halsband stundenweise in der Wohnung an. Hat er es akzeptiert, nehmen Sie ihn an die Leine. Sicherlich sträubt er sich gegen diese »Freiheitsberaubung« und stemmt sich gegen die Leine. Locken Sie dann den Welpen im Spiel immer wieder zu sich. Ein kleiner Leckerbissen kann nicht schaden. Hartes Rukken oder Zerren an der Leine unterlassen, damit der Welpe keine Abneigung gegen die Leine entwickelt. Mit etwas Geduld wird es bald klappen.

Das Kommando »Komm«
Üben Sie zunächst mit dem angeleinten Welpen. Mit der Leine in einer Hand hocken Sie sich in geringer Entfernung vor ihn hin, rufen seinen Namen und geben lockend den Befehl »Komm«. Läuft er zu Ihnen, überschwenglich loben. Ein Belohnungshappen bewirkt wahre Wunder. Gehorcht er nicht, sachte an seiner Leine ziehen. Nicht schimpfen, wenn er nicht sofort kommt.
Als 2. Schritt der Übung den Welpen rufen, wenn er gerade abgelenkt ist. Zuvor an seinem Halsband eine 3 m lange, dickere Angelschnur befestigen. Gehorcht der Hund dem Kommando nicht, den Befehl wiederholen und dabei sanft an der Angelschnur ziehen. Anschließend loben, als käme er freiwillig.

Das Kommando »Sitz«
Zeichnungen 2 und 3
Drücken Sie dem stehenden Welpen mit einer Hand sanft das Hinterteil nach unten und befehlen Sie »Sitz«. Dabei die andere Handfläche stützend unter seine Brust legen, damit er nicht wegläuft oder sich hinlegt (→ Zeichnung 2).

2 Bei der Übung »Sitz« wird dem Welpen sanft das Hinterteil nach unten gedrückt.

Sie können auch üben, indem Sie sich vor Ihren Hund mit dem gefüllten Futternapf in der Hand stellen, den Sie so halten, daß der Welpe nach oben sehen muß. Gleichzeitig sagen Sie »Sitz« (→ Zeichnung 3). Ihr Hund wird sich automatisch setzen, damit er bequemer nach oben blicken kann. Warten Sie kurz, bevor Sie ihm das Futter geben. Loben nicht vergessen.

Das Kommando »Bei Fuß«
Bei diesem Kommando soll der Hund in dem von Ihnen bestimmten Tempo neben Ihnen herlaufen. Üben Sie erst, wenn Ihr Vierbeiner bereits 6 Monate alt ist. Lassen Sie ihn zunächst toben, bis er ein wenig müde ist. Dann nehmen Sie ihn an die kurze Leine und marschieren los. Beim Loslaufen das Kommando »Fuß« geben. Nach einigen Metern stehenbleiben, den Hund niedersetzen lassen und ihn ausgiebig loben. Danach

3 Während der Welpe zur Futterschüssel hochschaut, setzt er sich automatisch hin.

weitergehen und Richtungswechsel in die Übung einbauen.

Das Kommando »Platz«
Als Ziel der Übung soll sich der Hund hinlegen und erst wieder aufstehen, wenn er dazu aufgefordert wird. Die Übung erfordert viel Disziplin, der Hund sollte daher 9 Monate alt sein. Dem angeleinten sitzenden Hund das Kommando »Platz« geben und dabei sachte seine Vorderpfoten so nach vorne ziehen, daß er sich hinlegen muß. Mit der anderen Hand sanft auf seine Schulter drücken. Dabei den Befehl wiederholen und den Hund weiter am Boden halten. Hat er begriffen, daß er liegenbleiben soll, entfernen Sie sich ein paar Schritte und sagen dabei mehrmals »Platz«. Steht der Hund unerlaubterweise auf, bringen Sie ihn wieder an die Ausgangsstelle zurück und beginnen die Übung von vorne. Loben nicht vergessen.

Das Kommando »Bleib«
Zeichnung 4
Auf das Kommando »Bleib« soll der Hund an dem Ort bleiben, an welchem er mit »Sitz« oder »Platz« gestoppt wurde. Nachdem sich der angeleinte Hund gesetzt oder hingelegt hat, geben Sie den Befehl »Bleib« und entfernen sich gleichzeitig ein paar Schritte von ihm. Unterstützen Sie das Kommando mit dem Signal der erhobenen rechten Handfläche. Ihr Hund darf Ihnen nicht folgen, bis Sie ihn mit »Komm« wieder rufen. Falls er sich vorher bewegt, setzen Sie ihn entschlossen an den gleichen Platz zurück, an dem er zuvor war. Zunächst genügt es, wenn er nur wenige Sekunden am Platz verharrt. Nach und nach muß aber die Dauer verlängert und der Abstand vergrößert werden. Loben Sie Ihren Hund ausgiebig, wenn die Übung klappt.

Alleine bleiben
Einen Hund täglich mehrere Stunden lang sich selbst zu überlassen, ist nicht artgerecht. Allerdings muß ein junger Hund lernen, für gewisse Zeit alleine zu bleiben. Üben Sie zunächst nach dem Spiel, wenn Ihr Hund müde ist. Geben Sie ihm einen Kauknochen, mit dem er sich beschäftigen kann. Verlassen Sie dann Ihre Wohnung für etwa 15 Minuten mit dem Befehl »Bleib«. Falls der Hund sich ruhig verhält, loben Sie ihn. Falls nicht, kurz und markant schimpfen und Übung wiederholen. Nach und nach die Zeitabstände verlängern, bis Sie wieder zurückkommen. Zeigen Sie ihm dann aber deutlich Ihre Wiedersehensfreude.

Der Hund und Autofahren
Im Auto mitfahren sollte jeder Hund können. Setzen Sie Ihren Vierbeiner anfangs nur kurz in den Wagen und geben Sie ihm dort einen Leckerbissen. Gewöhnen Sie ihn an das Motorengeräusch, ohne loszufahren. Erst wenn er seine Scheu verloren hat, können Sie die erste Fahrt von höchstens einigen 100 Metern antreten, an deren Ende auf den Hund ein angenehmes Erlebnis (zum Beispiel eine Spielwiese) wartet.

4 Die erhobene Handfläche unterstützt das Kommando »Bleib«. Der Hund darf seinen Platz erst wieder verlassen, wenn er dazu aufgefordert wird.

Beim Spaziergang kann der Hund ausgiebig schnüffeln.

Mit kleinen Schritten zum Erfolg
Nehmen Sie sich genügend Zeit für die Erziehung des Hundes und beginnen Sie damit, sobald der Welpe zu Ihnen nach Hause kommt. Die Zeit zwischen der 8. und 16. Lebenswoche ist für die geistige Entwicklung des Hundes sehr wichtig. Gerade jetzt braucht er den täglichen Kontakt mit »seinen« Menschen. Bedenken Sie dabei folgendes:

- Der Hund soll freudig lernen. Das erreichen Sie am besten, wenn die ersten Übungen in spielerischer Form und ohne jeglichen Zwang ablaufen.
- Überfordern Sie den Welpen nicht. Er braucht noch viel Schlaf. Beenden Sie also die Übungen, wenn Sie merken, daß seine Spiellust und Konzentration bereits deutlich nachlassen. Und verlangen Sie nichts, was über sein Fassungsvermögen hinausgeht. Stellen Sie ihm leichte Aufgaben und loben Sie ihn, wenn er es gut macht.
- Bis zum 6. Lebensmonat genügen 2 bis 3 Übungen über den Tag verteilt. Später allmählich die Erziehungseinheiten erhöhen.

Erziehung des erwachsenen Hundes
Je älter der Hund ist, desto schwieriger wird seine Ausbildung. Günstig ist es, wenn Sie wissen, welche Erziehung das Tier vom Vorbesitzer bekam, und welche Kommandos es kennt. Diese Befehle sollten Sie übernehmen. Ist der Vorbesitzer nicht zu ermitteln (zum Beispiel bei einem Tierheim-Hund), sollten Sie ohne Zwang versuchen, dem Hund mittels Belohnungshäppchen bestimmte Befehle verständlich zu machen. Ein absolut zuverlässiger Gehorsam ist in höherem Alter allerdings kaum mehr zu erreichen.

Lob und Tadel hundgerecht
Einen Hund erzieht man mit Lob und Tadel, niemals mit Schlägen. Ob er etwas richtig oder falsch gemacht hat, lernt Ihr Vierbeiner am schnellsten, wenn Sie ihm unmittelbar nach seiner Tat loben oder tadeln.
Lob: Hat Ihr Hund ein Kommando brav befolgt, zeigen Sie ihm Ihre Freude, indem Sie ihn ausgiebig loben und streicheln. So verbindet der Hund die von Ihnen erwünschte Handlung mit einer für ihn angenehmen Reaktion. Bei schwierigen Übungen können Sie ab und zu auch einen Leckerbissen geben. Das sollte aber nicht zur Regel werden, sonst gewöhnt sich Ihr Hund

daran, den Befehl nur wegen eines guten Häppchens auszuführen.
Tadel: Manchmal läßt es sich nicht vermeiden, den Hund zu strafen. Ihr Hund versteht die Zurechtweisung jedoch nur dann, wenn sie unmittelbar auf seine Missetat erfolgt.
Strafe hundgerecht: Meist genügt es, den Hund mit einem scharfen, lauten »Nein« oder »Pfui« zurechtzuweisen. Schreien brauchen Sie dabei allerdings nicht, denn das Gehör eines Hundes ist normalerweise sehr gut. Reicht dies nicht aus, nehmen Sie Ihren Vierbeiner am Nackenfell und schütteln ihn kurz durch (→ Zeichnung, Seite 46). Auf diese Weise maßregelt auch eine Hundemutter ihre Welpen.
Das dürfen Sie nicht tun: Heben Sie den Hund nicht vollständig hoch, wenn Sie ihn am Nackenfell schütteln, Sie könnten ihn dabei verletzen. Allenfalls die Vorderpfoten dürfen vom Boden etwas abgehoben sein.
Rufen Sie Ihren Vierbeiner nach einer Missetat nie zu sich, um ihn dann zu bestrafen. Der Hund erinnert sich nicht mehr an sein Vergehen von vorher, sondern verbindet unweigerlich sein Kommen mit der Bestrafung. Was liegt näher, als daraus zu lernen, auf Zuruf besser nicht zu kommen?

Gehorsam im Straßenverkehr ist für Hunde lebenswichtig.

Unarten gar nicht erst angewöhnen

Es liegt an Ihnen, was Sie Ihrem Vierbeiner gestatten und was nicht. Bedenken Sie aber, daß es sehr schwierig ist, einem Hund Unarten, die er sich bereits angewöhnt hat, wieder auszutreiben. Achten Sie also von Anfang an auf eine konsequente Einhaltung aller Regeln.
Bettler unerwünscht! Selten lernt ein Hund schneller, als wenn es ums Fressen geht. Hat er einmal mitbekommen, daß es bei Tisch etwas zu holen gibt, wird er mit der Ausdauer eines Belagerers daneben sitzen und warten. Auch die Tatsache, daß man kleinen Kindern ein Häppchen aus der Hand stibitzen kann, bleibt einem Hund nicht verborgen. Geben Sie ihm deshalb niemals etwas vom Tisch, auch wenn er noch so herzzerreißend winselt und Sie mit Blicken bettelnd fixiert. Ganz abgesehen davon sind gewürzte Speisen für den Hund sehr ungesund.
Anspringen ist lästig! Besonders fremde Menschen sind meist nicht sonderlich erfreut, wenn ein Hund an ihnen hochspringt. Nicht immer trägt man

alte Kleidung, auf der die Abdrücke von schmutzigen Hundepfoten nichts ausmachen. Ein großer Hund, der an kleinen Kindern hochspringt, kann diese zu Fall bringen und erschrecken. Gewöhnen Sie deshalb Ihrem Hund das Anspringen gar nicht erst an. Beugen Sie sich bei der Begrüßung Ihres Vierbeiners zu ihm hinunter und halten Sie ihn dabei mit beiden Händen fest. Zeigen Sie ihm aber deutlich Ihre Freude, indem Sie freundlich mit ihm sprechen und ihn streicheln. Auch Ihre Kinder, Freunde und Bekannten sollten den Hund auf diese Weise begrüßen.

Spitze Zähne tun weh! Ein Welpe hat nadelspitze Zähne und keinerlei Hemmungen, sie auch einzusetzen. Das hat nichts mit bösartiger Angriffsfreude zu tun. Vielmehr spielen die Zähne des Welpen eine wichtige Rolle bei allen Rangeleien unter den Wurfgeschwistern. Da der Welpe auch Ihre Kinder kneifen wird, sollten Sie dem Hund frühzeitig klar machen, daß er mit Menschen sanft umzugehen hat. Wenn er also beim nächsten Spiel wieder einmal voll in Aktion ist und auf Ihrer Hand herumbeißt, klemmen Sie seine Lefzen zwischen Ihre Hand und seine Zähne. Das ist einfach und sehr wirkungsvoll, weil sich der Welpe jetzt selbst zwickt. Bei dieser Übung mahnen Sie ihn mit einem einprägsamen Kommando wie »Vorsicht« oder »Ganz zart«. Üben Sie öfters, dann genügt bald schon das Kommando allein.

Hundeschulen, Hundevereine
Manche Hundehalter sind unsicher, ob sie ihren Hund richtig erziehen. Wer sich nicht zutraut, Erziehungstips aus Hundebüchern in die Tat umzusetzen, ist gut beraten, wenn er sich in der Umgebung seines Wohnortes nach einem Hundeverein umsieht, der Schulungslehrgänge für Anfänger anbietet. Beim Verband des Deutschen Hundewesens erfahren Sie Anschriften von Hundeschulen in Ihrer Nähe (→ Adressen, Seite 62).

Mein Rat an die Eltern
Sehen Sie sich den Schulungsbetrieb erst an, bevor Sie sich mit Ihrem Vierbeiner dort anmelden. Abrichtemethoden, wie sie vielleicht bei bestimmten Gebrauchs- und Diensthunden angebracht sind, kommen für den Familienhund nicht in Frage. Lassen Sie sich auf keinen Fall dazu überreden, Ihren Hund »auf den Mann« zu dressieren. Das ist der befohlene Angriff gegen Menschen! Eine erhebliche Reduzierung der Hemmschwelle des Hundes, Menschen zu beißen, wäre die Folge dieser Abrichtung.

Der »Missetäter« wird mit einem Griff ins Nackenfell getadelt.

Das Kind und der fremde Hund

Umgang mit fremden Hunden

Konflikte treten meist nicht im Umgang mit eigenen, sondern viel häufiger mit fremden Hunden auf. Besonders betroffen davon sind Kinder, die kaum Erfahrung mit Hunden oder Angst vor ihnen haben und nicht auf den Kontakt mit ihnen vorbereitet sind. Gefährdet sind aber auch Kinder, die ihre Erlebnisse mit dem eigenen – gutmütigen und bestens vertrauten – Tier auf alle anderen Hunde übertragen. Nicht jeder Hund ist kinderlieb und so geduldig, daß er alles über sich ergehen läßt. Besonders Hunde, die den Umgang mit Kindern nicht gewohnt sind oder schon als Welpen schlechte Erfahrungen mit Kindern gemacht haben, müssen entsprechend rücksichtsvoll behandelt werden. Eltern sollten sich dieser Problematik bewußt sein und ihre Kinder dazu anhalten, beim Kontakt mit fremden Hunden einige wichtige Verhaltensregeln zu beachten (→ Kleiner Hunde-Knigge, Seite 56).

Das Territorialverhalten der Hunde

Großen Einfluß auf aggressive Reaktionen von Hunden hat die Örtlichkeit, an der die Begegnung zwischen Hund und Kind stattfindet, da sich Hunde ausgesprochen territorial verhalten. Das läßt sich deutlich bei Rüden beobachten, die in Bereichen, die sie zu ihrem Revier zählen (Garten, Grundstück, täglicher Spazierweg) durch das bekannte Beinheben ihre Duftmarken absetzen und damit jedem Eindringling signalisieren, daß sie diesen Bereich für sich beanspruchen.

Warum markiert der Hund? Ein Blick ins Wildhunderudel gibt Aufklärung. Das Rudel benötigt ein ausreichend großes Jagdrevier, dessen Wildbestand das Überleben der gesamten Gruppe sichert. Außerdem ist der Leithund der »Herr aller Weiblichkeit« und duldet keine Nebenbuhler in seinem Revier. Um rudelfremden Artgenossen die Grenzen des eigenen Reviers kenntlich zu machen, wird das Territorium mittels Duftmarken abgesteckt. Und jeder Eindringling, der diese Grenzen ignoriert, wird unerbittlich verjagt, da er als Konkurrent um Nahrung und Weibchen auftreten könnte.
Auch dem Haushund steckt dieses Wilderbe noch im Blut. Daran liegt es auch, daß Passanten am Gartenzaun oder Besucher verbellt werden und Postboten tagtäglich ihre liebe Not haben, die von Hunden bewachten Grundstücke schadlos zu betreten.

Auch bellende Hunde beißen

Jeder kennt den Spruch vom bellenden Hund, der nicht beißt. Tatsächlich gibt es Hunde, die sich das Kläffen zur Lebensaufgabe gemacht haben und die, wenn es wirklich ernst wird, mit eingeklemmter Rute das Weite suchen. Andererseits kann das Verbellen auch darauf hinweisen, daß der Hund die betroffene Person nicht als Freund betrachtet. Bei Nichtbeachtung dieser Drohung kann rasch die nächsthöhere Warnstufe – Knurren und Rückenhaare aufstellen – folgen. Wird auch das ignoriert und der Hund weiterhin gereizt, könnte er als nächstes zwicken.

Wenn Kinder fremden Hunden begegnen, sollten sie sich an einige Regeln halten. So werden Konflikte von vornherein vermieden.

Mit dem Freund »seines« Kindes spielt der Hund ebenso gern und ausgelassen.

Rat an die Eltern: Da Kinder niemals einschätzen können, ob das Bellen nur »bloße Angeberei« oder schon die Vorstufe zu einer aggressiven Reaktion ist, sollten sie immer vor bellenden Hunden gewarnt werden.
Rat an die Kinder: Nimm das Bellen ernst und ärgere den Hund nicht noch zusätzlich durch Nachäffen. Gehe ruhig an ihm vorbei, ohne ihn zu beachten.

Kontakte mit Hunden auf deren eigenem Territorium

»Vorsicht! Bissiger Hund!« Da man bei einem Hund hinter einem Zaun nie wissen kann, wie heftig er sein Revier verteidigt, sollte man im Interesse der Sicherheit lieber dem warnenden Schild an der Gartentür Glauben schenken.
Oftmals haben Kinder ihren Spaß daran, bellende Hunde hinter Gartenzäunen bis zur »Weißglut« zu reizen. Da wird nicht nur das Bellen nachgeäfft, die Tiere werden auch mit Wasserpistolen oder aus Blasrohren beschossen sowie mit Steinen beworfen. Auch das Klappern mit Stöcken entlang der Zaunlatten ist ein beliebtes Spiel.
Sicher sind die Kinder nur übermütig, und der Zaun verleiht ihnen das trügerische Gefühl, dem Hund überlegen zu sein. Dennoch ist das Spiel gefährlich. Über den Zaun springen Hunde in der Regel nicht. Aber was könnte passieren, wenn das Gartentor zufällig einmal offensteht? Der Hund hat eine gute Nase und kann die »kleinen Plagegeister« leicht identifizieren. Und möglicherweise – vor allem wenn er nicht sehr duldsam und kinderlieb ist – nutzt er die Gelegenheit und macht dem »Eindringling« deutlich, wer der »Herr im Revier« ist, indem er bellend auf das Kind zuspringt (→ Wenn ein Hund aggressiv wird, Seite 54).

Rat an die Eltern: Machen Sie Ihren Kindern frühzeitig klar, wie ein Hund auf seinem Grundstück reagieren könnte. Besprechen Sie auch den Umgang mit freundlichen Hunden, die ruhig in ihrem Garten liegen und dösen. Sie sind nicht minder wachsam und können in Sekundenschnelle verteidigungsbereit reagieren.
Rat an die Kinder: Wechsle lieber die Straßenseite, als einen bellenden Hund durch Dein Vorbeilaufen unnötig zu reizen. Läßt es sich nicht vermeiden, an diesem Grundstück vorbeizugehen, ignoriere das Tier und ärgere es nicht zusätzlich noch mutwillig. Laß auch einen Hund in Ruhe, der einen ganz freundlichen Eindruck macht. Sprich ihn nicht an und stecke Deine Hand nicht durch den Zaun, um ihn zu streicheln. Er könnte es als »Eindringen in sein Revier« mißverstehen und möglicherweise sogar zwicken, weil er sein Revier verteidigt.

Wenn Ihr Kind Freunde besucht

Vielleicht kommt Ihr Kind beim Besuch eines Freundes oder einer Freundin in Kontakt mit einem Hund. Auch dann sollte es auf den richtigen Umgang mit dem Tier vorbereitet sein.
Rat an die Eltern: Schärfen Sie Ihrem Kind ein, daß es niemals allein mit dem fremden Hund spielen sollte, sondern nur, wenn Freund, Freundin oder die Eltern im Raum sind. Erklären Sie Ihrem Kind, wie es sich richtig verhält (→ Kleiner Hunde-Knigge, Seite 56).
Rat an die Kinder: Störe den Hund nicht weiter, wenn er sich auf seinen Stammplatz zurückzieht. Er will dann dösen und seinen Frieden haben. Wenn er sich mit einem Knochen oder Spielzeug beschäftigt, kümmere Dich nicht darum. Laß den Hund in Ruhe fressen oder trinken. Belästige ihn nicht dabei und ziehe ihm nicht den Futternapf weg. Der Hund könnte sein »Eigentum« (Spielzeug, Knochen, Futter) verteidigen und Dich zwicken, wenn er glaubt, Du würdest ihm seine Sachen wegnehmen. Wenn in der Familie eine Hündin mit Welpen lebt, warte ab, bis ein Erwachsener aus der Familie zur Hundemutter hinführt.

Kontakte mit Hunden auf »neutralem Boden«

Praktisch täglich und überall können Kinder unbekannten Hunden auf für beide Seiten fremdem Gelände begegnen – meist in den Straßen der Stadt und in öffentlichen Parks oder Anlagen, die der Allgemeinheit als Erholungsgebiete dienen.
Nicht selten prallen hier die Interessen von Hundehaltern und besorgten Eltern aufeinander. Leider fehlt manchem Hundebesitzer die Einsicht, seinen Vierbeiner von Sandkästen fernzuhalten und ihn auf Liegewiesen, Spiel- und Fußballplätzen oder in Parks, in denen häufig Mütter mit ihren Kindern spazierengehen, an der Leine zu führen (→ Rücksichtslose Hundehalter, Seite 55).

Das Bringholz ist »Beuteersatz« und Spielzeug zugleich.

PRAXIS
Konflikte vermeiden

Hier sollen noch einmal die wichtigsten Verhaltensweisen beim Kontakt zu fremden Hunden im Überblick zusammengefaßt werden. Wenn Sie als Eltern Ihre Kinder gewissenhaft anleiten, wie Hunde zu behandeln sind, können die meisten Konflikte von vornherein vermieden werden.

Hunde in ihrem eigenen Revier
Hunde verhalten sich sehr territorial. Genau wie ihre wilden Artgenossen nehmen sie ein Revier für sich in Anspruch, das sie hüten und verteidigen. Die meisten Hunde – Ausnahmen von der Regel sind natürlich möglich – wachen sehr aufmerksam über dieses Revier und sind bestrebt, jeden Eindringling, auch Kinder, mehr oder weniger aggressiv davon fernzuhalten.
• Kinder niemals unbeaufsichtigt auf ein fremdes Grundstück mit einem unbekannten Hund gehen lassen. Man weiß nie, wie intensiv der Hund sein Territorium verteidigt. Kinder sollten hinter Gartenzäunen wachende Hunde nicht ärgern oder reizen.
Hunde im Auto: Viele Hunde betrachten auch das Auto ihrer Familie als eigenes Territorium.
• Niemals die Finger durch eine Fensteröffnung stecken, um den Hund im Auto zu streicheln. Die Hunde in offenen Autos in Ruhe lassen.

Bei fremden Hunden zu Besuch
Zeichnungen 1 und 2
Wenn Kinder zu Besuch bei einer Familie mit Hund sind, sollten sie folgende Verhaltensregeln beherzigen:
Der Hund auf seinem Platz: Ein Hund, der sich mit einem Kauknochen oder Spielzeug auf seinen Stammplatz zurückzieht, will seine Ruhe haben und nicht weiter gestört werden.
• Kinder müssen die Ruhephasen des Tieres respektieren (→ Zeichnung 1). Nach einer Pause wird der Hund sicherlich wieder von sich aus zum gemeinsamen Spiel auffordern.
Der Hund am Futternapf: Bei der Nahrungsaufnahme verstehen die meisten Hunde keinen Spaß. Hier kommt die Rangordnung besonders stark zur Geltung, und man kann davon ausgehen, daß der Hund seine Position Fremden gegenüber mit Nachdruck behaupten wird.
• Für Kinder gilt das eherne Gesetz: Hände weg von Futternäpfen, Kauknochen und Belohnungshappen.
Eine Hündin und ihre Welpen: Grundsätzlich ist eine Hundemutter, die ihren Nachwuchs verteidigt, zu großer Aggressivität fähig.
Auf Kinder haben putzige Welpen eine starke Anziehungskraft. Diese Zuwendung kann aber von der Hundemutter völlig falsch verstanden werden.
• Kinder sollten niemals ohne Aufsicht Welpen anfassen, sie hochheben oder gar der Hundemutter wegnehmen. Kinder

2 Zu einer Hundemutter mit Welpen dürfen Kinder nur unter Aufsicht eines Erwachsenen Kontakt aufnehmen.

1 Wenn der Hund sich mit seinem Kauknochen auf sein Plätzchen zurückgezogen hat, dürfen ihn die Kinder nicht weiter stören.

langsam und in Begleitung eines Erwachsenen an die Welpen heranführen (→ Zeichnung 2).

Hunde auf »neutralem Boden«
Außerhalb ihrer Reviergrenzen verhalten sich Hunde weit weniger territorial. In der Regel werden Kinder kaum beachtet. Manche Hunde kommen jedoch neugierig herangelaufen, um das Kind zu beschnuppern.
• Kinder sollten sich beim Kontakt mit einem fremden Hund grundsätzlich an die Regeln des »Kleinen Hunde-Knigges« halten (→ Seite 56).

Fremde Hunde an der Leine
Zeichnung 3
Die Leine ist die direkte Verbindung zwischen Frauchen/Herrchen und Hund. Durch diese enge Verbindung wird in dem Vierbeiner unter Umständen auch die Bereitschaft gestärkt, wachsam zu reagieren. Dies gilt besonders in der Dämmerung oder Nacht.

3 Kinder sollten nicht auf jeden Hund zustürzen, sondern erst den Hundehalter fragen, ob sie den Hund streicheln dürfen.

• Kinder davon abhalten, auf einen angeleinten Hund loszustürzen, es sei denn, man kennt das Tier gut und weiß, daß es freundlich reagiert.

Fremde Hunde, angebunden vor einem Ladengeschäft
Zeichnung 4
Ein vor einem Geschäft angeleinter Hund befindet sich in einer besonderen Streßsituation, weil er von seinem Rudelführer getrennt ist. Er hat in der Regel kein Interesse daran, sich von einem fremden Kind »trösten« zu lassen. Seine ganze Aufmerksamkeit gilt der Wiederkehr von Frauchen oder Herrchen. Besondere Vorsicht ist geboten, wenn der Hund neben Gegenständen seines Besitzers angebunden ist, zum Beispiel Fahrrad, Kinderwagen oder Einkaufstasche. Da der Hund dieses Eigentum bewachen soll, wird er jede Annäherung unweigerlich als Bedrohung »seines Besitzes« auslegen und entsprechend aggressiv reagieren.
• Kinder dazu anhalten, sich angebundenen Hunden nicht zu nähern. Wenn Kinder das Geschäft betreten, sollten sie den angeleinten Hund ignorieren, nicht ansprechen und nicht streicheln.

Spiel mit Hunden
Häufig kann man sehen, daß kleine Kinder in Grünanlagen mit fremden Hunden spielen, ohne daß sie dabei unter besonderer Aufsicht sind. Dies ist äußerst leichtsinnig. Niemand kann ausschließen, daß das

4 Ein Hund, der vor einem Laden wartet, sollte nicht angesprochen und gestreichelt werden.

Kind durch eine falsche Reaktion oder durch vom Wesen her aggressivere Hunde zu Schaden kommt.
• Grundsätzlich sollten kleine Kinder niemals ohne Aufsicht und ohne ausdrückliche Erlaubnis des Hundehalters mit fremden Hunden spielen.

Wenn Hunde raufen
Balgende Hunde sind voll auf ihren Gegner konzentriert und nehmen keine Rücksicht auf herumstehende Kinder. Sollte das Kind gar den Fehler machen, sich in die Rauferei einzumischen, etwa um den Streit zu schlichten, kann dies zu bösen Verletzungen führen.
• Sind Kinder bei einem Hundestreit in der Nähe, sollte man sie dazu veranlassen, sich ohne weitere Einmischung sofort zu entfernen. Die Hunde kommen schon miteinander klar.

Rat an die Eltern: Normalerweise kann man davon ausgehen, daß Hunde außerhalb ihres Reviers an unbekannten Menschen nicht interessiert sind, da sie »auf neutralem Boden« kaum Revieransprüche geltend machen.
Trotzdem sollten Sie Ihren Kindern die wichtigsten Verhaltensregeln im Umgang mit fremden Hunden nahelegen (→ Kleiner Hunde-Knigge, Seite 56).
Rat an die Kinder: Locke einen fremden Hund nicht an. Bleib ruhig stehen, wenn ein Hund auf Dich zuläuft. Er ist nur neugierig. Halte ihm Deinen Handrücken zum Beschnuppern hin (→ Zeichnung, Seite 55). Er wird nur kurz Deine Witterung nehmen wollen und dann wieder seiner Wege gehen.

Spiel mit fremden Hunden

Kinder spielen gerne Ball. Auch viele Hunde teilen diese Leidenschaft. Schon könnten sich Konflikte ergeben. Ein Beispiel: Der Hundebesitzer wirft für sein Tier einen Ball, den der Vierbeiner immer wieder freudig zu ihm zurückbringt, und das Kind meint, es dürfe sich an diesem Spiel beteiligen. Kaum ein Hund wird seinen Ball freiwillig hergeben. Das Tier braucht gar nicht aggressiv zu reagieren. Vielleicht will das Kind gerade in dem Augenblick nach dem Ball greifen, wenn auch der Hund zuschnappt. Das kann zu schmerzlichen Erfahrungen führen. Manche Hunde verteidigen den Ball auch gerne mit den Vorderpfoten (zum Beispiel Boxer). Kratzer von Hundekrallen sind ebenfalls recht unangenehm.
Rat an die Eltern: Fragen Sie den Hundehalter, ob Ihr Kind nicht auch einmal den Ball werfen darf. Erkundigen Sie sich, ob die Gefahr besteht, daß der Hund sein Spielzeug »mit Zähnen und Klauen« verteidigt.
Rat an die Kinder: Spiele nie mit einem fremden Hund, dessen Besitzer Du nicht in der Nähe siehst. Frage vorher, ob Du mit dem Hund spielen darfst, und welche Spiele er gerne mag.

Raufende Hunde

Häufig kommt es vor, daß fremde Hunde im Spiel miteinander balgen. Dabei geht es mitunter recht rabiat zu und sieht nach außen hin dramatischer aus, als es tatsächlich ist. Das zunächst harmlose Hundespiel kann in eine kritische Situation umschlagen, wenn ein Kind, dessen Hund in einen solchen Scheinkampf verwickelt ist, in die Rauferei eingreift, um seinen Vierbeiner vor dem anderen »bösen Hund« zu schützen. Nun kann aus dem Spiel der Hunde plötzlich Ernst werden, zum Beispiel weil der eigene Hund glaubt, er müsse sein »Rudelmitglied« (das Kind) verteidigen. Im Eifer können die Tiere dann nicht mehr unterscheiden, ob sie beim Zuschnappen den Artgenossen oder den Arm des Kindes erwischen. Dies ist eine Gefahrenquelle höchsten Grades!
Rat an die Eltern: Legen Sie Ihren Kindern immer wieder ans Herz, sich unter keinen Umständen in Hunderaufereien einzumischen.
Wenn Ihr Hund beim Kampf Bißwunden davongetragen hat, sollten Sie vorsichtshalber umgehend den Tierarzt aufsuchen.
Rat an die Kinder: Überlasse die Hunde bei Balgereien sich selbst. Versuche nie, Deinen Hund aus einer Rauferei zu befreien. Selbst wenn er beim Kampf verletzt wird, darfst Du auf keinen Fall und in keiner Weise Deinem vierbeinigen Freund zu Hilfe kommen, solange die Rauferei noch im Gange ist. Schrei die Hunde auch nicht an, während sie kämpfen, das steigert nur ihre Aggression, sondern warte in einiger Entfernung ruhig ab, bis die Tiere sich trennen.

Auch wenn er noch so lieb schaut: Vom Tisch sollte der Hund nichts gefüttert bekommen.

Vor Geschäften angebundene Hunde

Ein vor einem Laden angebundener Hund, egal ob er bellend oder jaulend gegen seine Einsamkeit protestiert oder brav daliegt und wartet, verführt immer zu Anteilnahme. Besonders Kinder glauben, ihm Trost spenden zu müssen. Viele verstehen es dann nicht, wenn der Hund vermeintlich »undankbar« reagiert. Jedoch kann sich ein vor dem Geschäft angebundener Hund in einer ausgesprochen streßigen Situation befinden, da ihn sein »Rudelführer« für gewisse Zeit zurückgelassen hat. Der Hund empfindet die Anteilnahme von Fremden dann keineswegs tröstend, sondern ganz im Gegenteil: Sein Alleinsein wird für ihn noch bedrohlicher, weil ein Unbekannter sich ihm nähert und sein menschlicher Rudelgenosse nicht da ist, um ihm zu helfen. Es ist durchaus denkbar, daß so ein Hund auch einmal zuschnappt.

Rat an die Eltern: Schärfen Sie Ihren Kindern ein, einen wartenden Hund grundsätzlich zu ignorieren.

Rat an die Kinder: Sprich einen wartenden Hund nicht an und geh nicht auf ihn zu, um ihn zu streicheln. Wenn Du den Laden betrittst, vor dem der Hund wartet, geh ruhig an ihm vorbei.

Streuner

Immer wieder kommt es vor, daß verantwortungslose Hundehalter aus Bequemlichkeit ihren Hund einfach laufen lassen, ohne ihn beim Spaziergang zu begleiten. Diese Hunde, häufig Rüden, stromern dann in der ganzen Gegend herum. Man erkennt sie oft daran, daß sie zielstrebig dahintraben und sich nicht wie andere freilaufende Hunde nach ihrem Besitzer umsehen. Diese Tiere haben meist eine bestimmte Route, die sie täglich ablaufen. In der Regel kann man davon ausgehen, daß sie harmlos sind, sich um ihre eigenen Angelegenheiten kümmern und andere Menschen kaum beachten.

Rat an die Eltern: Taucht ein Streuner regelmäßig auf dem Spielplatz auf, empfiehlt es sich, das Tierheim zu verständigen, damit er eingefangen und sein Besitzer ermittelt und zur Ordnung gerufen werden kann.

Rat an die Kinder: Ignoriere streunende Hunde, sprich sie nicht an und ärgere sie nicht. Versuche auch nicht, sie aufzuhalten oder zu streicheln.

Wenn ein Hund aggressiv wird

Jemand, der mit Hunden wenig oder gar keine Erfahrung hat, kann schwer beurteilen, wann ein Hund wirklich bedrohlich aggressiv wird. Vieles ist nur Show. Knurren und Bellen kann sogar ein Zeichen von guter Laune oder die Aufforderung zum Spiel sein (→ Lautsprache, Seite 15; PRAXIS Körpersprache, Seite 18 und 19).

Wenn ein Hund Sie bedroht: Haben Sie den Eindruck, daß ein Hund unfreundlich werden könnte, hilft nur äußerste Besonnenheit. Panische Reaktionen wie den Hund schlagen, ihm Befehle erteilen oder dergleichen, werden die Aggression des Tieres nur noch steigern.

Was Sie tun können: Als oberstes Gebot gilt: Ruhe bewahren und überlegt handeln. Rennen Sie nicht davon, der Hund ist auf jeden Fall schneller als Sie. Durch Ihre Flucht wird nur sein Jagdinstinkt geweckt, und er wird Sie mit Sicherheit verfolgen. Bleiben Sie lieber wortlos und möglichst regungslos stehen. Starren Sie dem Tier nicht in die Augen, das fordert ihn nur zum Kräftemessen heraus. Wenn Ihr Kind vor Schreck weint, nehmen Sie es auf den Arm, damit es sich beruhigt. Mit großer Wahrscheinlichkeit wird der Hund nach einiger Zeit das Interesse verlieren und weiterlaufen.

Was Ihr Kind wissen sollte: Vorbeugend sollten Sie auch Ihrem Kind beibringen, daß es in einer Gefahrensituation dem Hund nicht in die Augen starren, nicht schreien und nicht davonrennen sollte. Die Sturzgefahr ist dabei groß, und selbst der kleinste Hund ist immer der Schnellere. Natürlich ist es äußerst schwierig, einem Kind klarzumachen, daß es regungslos stehen bleiben soll, wenn ein Hund aggressiv wird. Die Angst als ein übermächtiger Trieb verleitet zur Flucht, was in diesem Falle aber der denkbar schlechteste Versuch ist, einem bedrohlichen Hund zu entkommen.

Wenn es ernst wird: Sollte wirklich einmal der (recht unwahrscheinliche) Ernstfall eintreten, und ein Hund Sie oder Ihr Kind mit seinen Zähnen festhalten, dann hat es wenig Sinn zu versuchen, die Kleidung, den Arm oder das Bein aus seinem Fang zu zerren. Der Hund würde höchstens noch kräftiger zufassen. Auch wenn es sehr schwer fällt – die ideale Reaktion wäre, ruhig zu bleiben und stillzuhalten.

Erklären Sie das auch Ihrem Kind und schärfen Sie ihm ein, nicht laut zu schreien. Jeglicher Widerstand oder schrille Geräusche reizen den Hund nur noch weiter. Etwas, das sich nicht bewegt und lautlos bleibt, wird für den Hund dagegen rasch uninteressant. Die Chance, daß er von Ihnen oder Ihrem Kind dann abläßt, ist groß. Und die Verletzungsgefahr läßt sich dabei noch am ehesten begrenzen.

Rücksichtslose Hundehalter

Leider gibt es auch Hundehalter, die keine Rücksicht auf ihre Umgebung nehmen. Manch einer weigert sich, seinen Hund anzuleinen, obwohl er sieht, daß sich ein Kind vor seinem Tier fürchtet. Ein anderer hält seinen Hund nicht davon ab, sich auf Kinderspielplätzen oder Gehsteigen zu lösen.

Miteinander reden: Falls Ihnen solche Fälle bekannt sind, fassen Sie sich ein Herz und sprechen Sie die Hundehalter in der konkreten Situation an.

• Schildern Sie die Angst Ihres Kindes und bitten Sie darum, das Tier anzuleinen. Fragen Sie den Hundebesitzer, ob er nicht bereit wäre, einmal mit Ihnen und Ihrem Kind spazierenzugehen. Das wäre eine gute Gelegenheit, sich mit dem Hund vertraut zu machen.

• Weisen Sie einen Hundehalter darauf hin, daß Spielplätze und Sandkästen aus hygienischen Gründen für Hunde tabu sind.

Aggressive Hunde bei den Nachbarn: Haben Sie sichere Anhaltspunkte dafür, daß in der Nachbarschaft aggressive Hunde gehalten werden, die für Ihre Familie eine Gefahr darstellen könnten, sollten Sie im Interesse Ihrer Kinder handeln. Wenden Sie sich mit Ihrer Beschwerde schriftlich an das Ordnungsamt der zuständigen Gemeinde oder an das Veterinäramt und nennen Sie den Hundebesitzer namentlich.

Sicher ist es vorteilhaft, wenn sich ein größerer betroffener Personenkreis zusammenschließt.

Besonders unangenehm sind aggressive und tatsächlich gefährliche Hunde in einem größeren Mietshaus. Wenn in solchen Fällen Appelle an den Hundehalter nichts nützen, hilft nur die Beschwerde beim Vermieter. Er ist verpflichtet, Störungen des Hausfriedens und damit auch die Bedrohung durch einen Hund abzustellen. Falls der Hundebesitzer weiterhin uneinsichtig bleibt, könnte der Vermieter das Mietverhältnis nach einer Abmahnung eventuell auch kündigen.

Schadensersatz: Sollten Sie oder Ihr Kind durch einen Hund Schaden erlitten haben, egal ob Kleidungsstücke verschmutzt oder zerrissen oder Ihnen gar Verletzungen zugefügt wurden, dann haben Sie in der Regel das Recht auf Schadensersatz. Dazu ist der Tierhalter gemäß Paragraph 833 des Bürgerlichen Gesetzbuches verpflichtet.

Neugierig und freundlich beschnuppert der Hund den Handrücken des Jungen.

Kleiner Hunde-Knigge

Diese beiden verstehen sich auch ohne große Worte. Was könnte schöner sein, als mit dem besten Freund an der Seite den Tag zu genießen?

Wenn wir mit einem fremden Menschen zusammentreffen, stellen wir uns einander vor, geben uns die Hand und pflegen Konversation. Kurz, wir achten den anderen und bringen unseren Respekt zum Ausdruck, indem wir die Regeln der Höflichkeit einhalten. Auch bei Hunden gibt es feste Regeln, die die Tiere untereinander normalerweise (sofern es sich nicht um fehlgeprägte Hunde handelt) beachten. Damit der Mensch mit seinem Vierbeiner harmonisch zusammenleben kann, sollte auch er die wichtigsten Regeln im Umgang mit dem Hund kennen. Deshalb seien an dieser Stelle einige grundsätzliche Regeln zusammengefaßt, die wegen ihrer Bedeutung im Umgang mit Hunden – insbesondere auch zwischen Kindern und Hunden – unbedingt eingehalten werden sollten.

Respektiere den Hund, so wie Du möchtest, daß er Dich respektiert!
Kinder brauchen vor Hunden keine Angst zu haben, denn die allermeisten Hunde sind friedfertig. Eltern sollten ihren Kindern aber verständlich machen, daß sie den Hund, seine Lebensart, seine Eigenheiten und sein Wesen respektieren müssen.

Nimm einem Hund niemals sein Futter weg!
Der Hund läßt sich in der Regel nur von seinem »Rudelchef« das Futter wegnehmen. Gegenüber allen anderen, die es versuchen, wird er sein Fressen heftig verteidigen. Da Kinder aus der Sicht des Hundes in der Rangordnung tiefer stehen als er, sollten sie ihn beim Fressen in Ruhe lassen und ihm niemals seine Futterschüssel wegziehen.

Nimm einem Hund niemals ein Spielzeug weg!
Schon Kleinkinder schreien, wenn man ihnen ein Spielzeug wegnimmt. Auch der Hund entwickelt ein Verständnis dafür, was ihm gehört. Dazu zählen seine Kauknochen, Gummitierchen oder sonstigen Spielsachen. Solche Gegenstände sollten Kinder ihm nur dann wegnehmen, wenn der Hund es in deutlicher Aufforderung zum Spiel von sich aus anbietet (→ PRAXIS Körpersprache, Seite 18 und 19).

Ziehe einen Hund niemals an der Rute oder an den Ohren!
Diese Regel versteht sich eigentlich von selbst. Von kleinen Kindern im eigenen Familienrudel lassen sich manche Hunde allerdings viel gefallen, da sie sie als Welpen einordnen. Eltern sollten ihre Kinder aber darauf aufmerksam machen, daß nicht jeder Hund ebenso duldsam ist. Vor allem Hunde, die Kinder nicht gewohnt sind, können sehr empfindlich reagieren.

Ziehe Welpen niemals an den Vorderpfoten vom Boden hoch!
Welpen sind putzig und fühlen sich weich an, wenn man sie auf den Arm nimmt. Dabei darf man sie aber nie an den Vorderläufen hochziehen. Es tut ihnen weh, da Hunde kein Schlüsselbein haben. Den Welpen hebt man

Beim Familienausflug mit dem Fahrrad sollte der Vierbeiner nicht überfordert werden.

richtig hoch, indem man eine Hand unter seine Brust legt und mit der anderen Hand sein Hinterteil unterstützt (→ Zeichnung, Seite 22).

Schreie einem Hund niemals ins Ohr!
Ein Hund hört normalerweise sehr gut. Deshalb bereiten ihm auch laute Geräusche Schmerzen. Vor allen Dingen können Hunde, die nicht an Kinder gewöhnt sind, auf Kindergeschrei unfreundlich reagieren.

Erschrecke niemals einen schlafenden Hund!
Hunde haben gewöhnlich einen leichten Schlaf. Zwischendurch fallen sie jedoch auch kurzzeitig in Tiefschlaf und sind dann völlig weggetreten.

Wenn das Kind sich an einige Regeln hält, wird das Zusammenleben mit dem Hund harmonisch und friedlich sein.

Wird ein Hund im Schlaf getreten oder von spielenden Kindern gestoßen, so kann er vor Schreck zuschnappen.

Versuche nie, den Hund zu erziehen!
Im Verhältnis Kind Hund fühlt sich der Hund immer als der Ranghöhere. Er wird also ein Kommando, das ihm das Kind gibt, nur ausführen, wenn er gerade dazu in der Laune ist. Niemals darf ein Kind versuchen, einen Befehl mit Zwang durchsetzen, weil es das seinen Eltern abgeschaut hat. Der Hund wird sich eine solche »Frechheit« des Rangniederen auf seine Art verbitten. Eltern sollten ihren Kindern erklären, daß bestimmte Befehle, die vom Hund eine starke Unterordnung verlangen (zum Beispiel »Fuß«, oder »Platz« und »Bleib«), für sie absolut tabu sind.

Starre einem Hund niemals in die Augen!
Wenn sich Hunde gegenseitig mit Blikken fixieren, ist das eine Art Kräftemessens zwischen (vermeintlich) Gleichrangigen. Wendet einer den Blick, hat er nachgegeben. Bleibt der Augenkontakt bestehen, folgen weitere Drohgesten. Wenn ein Kind einem Hund in die Augen starrt, könnte er das als Drohgeste auffassen. Deshalb lieber in eine ganz andere Richtung schauen.

Fasse niemals einem Hund über die Schnauze!
Dies ist eine Dominanzgeste, die nur der Ranghöhere ausführen darf. Im Wildhunderudel kann man beobachten, daß ein Ranghöherer den sogenannten Überbiß ausführt (→ Foto Seite 17). Er faßt mit seinem Maul von oben über die Schnauze des Rangniederen und zeigt ihm so seine Überlegenheit. Faßt ein Kind einem Hund

über die Schnauze, könnte der Hund das als Herausforderung durch einen Rangniederen auffassen und mit Zwikken reagieren.

Springe niemals, auch nicht im Spiel, von hinten auf einen Hund!
Es gibt Kinder, die besonders bei größeren Hunden gerne den Versuch unternehmen, auf diesen zu reiten. Hier ist Vorsicht geboten, denn unter Hunden wird das sogenannte Aufreiten als Dominanzgeste aufgefaßt, die sich nur der Rangobere herausnehmen darf. Der Hund könnte das Spiel des Kindes mißverstehen und seinen höheren Rang durch Schnappen deutlich klarstellen.

Renne niemals vor einem heranspringenden Hund davon!
Neugierige Hunde haben oftmals die Angewohnheit, wie wild heranzuspringen. Häufig bellen sie auch dabei. In der Regel machen sie das aus Freude und Übermut. Es ist völlig falsch, jetzt panisch davonzulaufen! Die Wahrscheinlichkeit, dabei hinzufallen und sich zu verletzen, ist groß. Außerdem werden damit nur die Jagdinstinkte des Hundes geweckt. Am besten ruhig stehenbleiben und sich beschnuppern lassen. Wenn es dem Hund zu langweilig wird, läuft er wieder weiter.

Schlage niemals einen Hund!
Schläge sind in einem Hunderudel völlig unbekannt, werden vom Hund aber immer als Aggression empfunden. Kinder (und natürlich auch Erwachsene) sollten es deshalb grundsätzlich – auch im Spaß – unterlassen, einen Hund zu schlagen oder nach ihm zu treten.

Halte einen Hund niemals fest, wenn sein Herr ihn ruft!
Ruft der »Rudelführer« – also Frauchen oder Herrchen – den Hund zu sich, ist der Hund bestrebt zu folgen. Wird er, vielleicht zum Spaß, dabei von einem Kind (also einem Rangniederen) festgehalten, könnte der Hund versuchen, sich durch Schnappen aus dieser »Zwangslage« zu befreien.

Sprich einen angebundenen Hund nicht an!
Angebundene Hunde warten entweder auf Frauchen oder Herrchen oder sie sollen auf etwas aufpassen. In jedem Fall sind sie nicht an fremden Kindern interessiert. Im Gegenteil: Sie könnten höchst unfreundlich reagieren, wenn Kinder auf sie zugehen, um sie zu »trösten«.

Ärgere keine Hunde hinter Gartenzäunen oder in Autos!
Hunde verteidigen ihr Territorium, zu dem Grundstücke, Autos und Wohnungen gehören. Kinder finden es manchmal lustig, Hunde hinter Gartenzäunen oder im Auto zu ärgern, weil es Spaß macht, wenn sie wie toll bellen. Ein Hund prägt sich aber die Witterung des Kindes ein und erkennt es beim nächsten Mal, wenn er vielleicht nicht eingesperrt ist, garantiert wieder. Es ist nicht auszuschließen, daß er dem Kind dann eine »Lektion« erteilt.

Laß Streuner in Ruhe ihrer Wege ziehen!
Ein stromernder Hund hat normalerweise an spielenden Kinder kein Interesse. Deshalb ist es am besten, das Tier gar nicht zu beachten. Auf keinen Fall schreiend davonrennen oder gar den Hund mit Steinen bewerfen.

Sachregister

Die **halbfett** gesetzten Seitenzahlen verweisen auf Farbfotos und Zeichnungen. U = Umschlagseite.

Älterer Hund 23, 28, 32
Alleine bleiben 43
Alterserscheinungen 39
Angriff 19
Angst 8, 47
Anspringen 45
Aufforderung zum Spiel 15, 18, **18**, 54
Augen 15, 54, 58
Ausdauertraining 35
Autofahren 43

Baby **29**, 32, **33**
Bälle 34
Beißhemmung 19
Beißtau 34
Bellen 15, 47, 54
Berner Sennenhund 27
Betteln 45
Bologneser 7
Boxer 7, 52
Bringholz 34, 35, **49**
Buddelkiste 35, **35**
Buddeln **13**, **38**
Bürsten 31, **31**, **36**
Bullmastiff 10
Bullterrier 10, **11**

Cocker Spaniel 7

Dachshunde 7
Dackel 7, 22
Dominanzgeste 58, 59
Drohen 18, **18**, 54
Duftmarken 16, 47

Eingewöhnen 29
Einschläfern 39
Entwurmung 27, 36
Ernährung 26
Erziehung 15, 39, 40, 42, 46, 58
–, Grundregeln der 40

Familienhunderassen 7
Fellpflege 31, **36**
Fertigfutter 26
Französiche Bulldogge 7
Futter 26, 49, 56
-napf 26, 27, 31, **31**, 42, **42**, 50
-platz 26

Geruchssinn 14
Gesundheitsvorsorge 27
Golden Retriever 7, 22

Hepatitis 27
Heulen 16
Hunde
–, aggressive 54, 55
–, angebundene 51, **51**, 53, 59
–, ängstliche 18
–, erwachsene 23, 32, 44
–, fremde 47
-Knigge 51, 52, 56
–, raufende 19, 31, 51, 52
-schulen 39, 46
–, streunende 54
-vereine 46

Imponierverhalten 18

Joggen 35, **35**

Kampfhunde 10
Kauf 20
–, Ratschläge zum 20
–, Zeitpunkt für den 21
Kauknochen 34, 49, 50, 56
Kettenhaltung 24
Kind
–, Krabbel- 30
–, Kindergarten- 30, **30**
–, Klein- 30, **30**
–, Schul- 31, **31**
Knurren 15, 48, 54
Kommandos 31, 39, 40, 42, 43, 46, 58
– »Bleib« 43, **43**, 58
– »Fuß« 42, 58
– »Komm« 42
– »Pfui« 45
– »Platz« 43, 58
– »Sitz« 42, **42**, **43**
Körpersprache 18
Krankheitsanzeichen 27
Kromfohrländer 7

Läufigkeit 16
Lautsprache 15
Lebenserwartung 20, 39
Leine 42, 51,
Leinenführigkeit 42, **42**
Leptospirose 27
Lob 44

Malteser 7
Markieren 16
Mastino Napolitano 10
Mischling 22
Mittelschnauzer 7
Mops 7

Nase 15
Neugeborenenphase 14

Ohren 15, 58

Parvovirose 27
Pitbull 10
Prägungsphase 14, 18, 23
Pudel 7

Quietschtiere 34

Radfahren 35
Rangordnung 12, 15, 16, 19, 23, 30, 31, 38, 40, 50
Rangordnungsphase 14
Rassehundeverbände 23
Rassenwahl 22
Revier 32, 47, 48, 50, 52

Sandkiste 35, **35**
Säugling 30, 32
Schadensersatz 55
Schnüffeln 16, 27, 51, **55**
Schutzimpfung 27
Schwanzwedeln 18
Sheltie 7
Sinnesorgane 15
Sozialisierungsphase 14
Spielaufforderung 18, **18**
Spiele 34
–, Apportier- 34, **34**
–, Ball- 34, **34**, 52
–, Garten- 35
– mit dem Welpen 32
–, Versteck- 35
–, Zieh- **11**, 34
Spielgesicht 18
Spielzeug 34, 49, 50, 56
Stammplatz 24, 27, 49, 50
Staupe 27
Strafen 18, 45
Streuner 54, 59

Tadel 44, **46**
Territorialverhalten 47, 50
Territorium 33, 47, 48, 50, 59
Tierheim 23, 28, 44
Tollwut 27

Überbiß **17**, 58
Unarten 45
Unfälle mit Hunden 10, 31
Unterbringung 24
Unterordnung 17, 58
Unterwerfung 17
–, aktive 18
–, passive 18
Unterwürfigkeit 15, 19, **19**

Verhaltensrichtlinie 31

Warnritual 19
Welpen **4**, 10, 12, **15**, **17**, 19, **22**, 23, 26, 28, 32, **32**, **42**, **43**, 44, 46, 47, 49, 50, **50**, 56
–, Entwicklungsphasen der 14
-verhalten 10
Winseln 15
Wölfe 16, 26, 40
Wurfgeschwister 14, 26, 28, 32, 46

Ziehring 34
Ziehtau 34
Zuchtauslese 14
Züchter 23, 28
Zwergschnauzer 7
Zwingerhaltung 24

Adressen

Hundeverbände

Fédération Cynologique Internationale (FCI), 13 Place Albert I, B-6530 Thuin/Belgien

Verband für das Deutsche Hundewesen (VDH), Postfach 10 41 54, D-44041 Dortmund

Österreichischer Kynologenverband (ÖKV), Johann-Teufel-Gasse 8, A-1238 Wien

Schweizerische Kynologische Gesellschaft (SKG/SCS), Länggaßstr. 8, CH-3001 Bern

Die Anschriften von Hundeclubs und -vereinen können Sie bei den vorgenannten Verbänden erfragen.

Fragen zur Hundehaltung beantworten

Ihr Zoofachhändler, Ihr Tierarzt oder der Zentralverband Zoologischer Fachbetriebe Deutschlands e.V. D-63225 Langen, Tel. 06103/910732 (nur telefonische Auskunft möglich)

Haftpflichtversicherung

Fast alle Versicherungen bieten Haftpflichtversicherungen für Hunde an.

Krankenversicherung

Uelzener Allgemeine Versicherungsgesellschaft AG, Postfach 21 63, D-29511 Uelzen

AGILA Haustier-Krankenversicherung AG, Breite Str. 6-8, D-30159 Hannover

Registrierung von Hunden

Haustier-Zentralregister für die BRD e.V. TASSO, Postfach 14 23, D-65783 Hattersheim

Wer seinen Hund vor Tierfängern und dem Tod im Versuchslabor schützen will, kann ihn hier registrieren lassen. Eintragung und Suche bei Vermißtenmeldung sind kostenlos.

Bücher, die weiterhelfen

(falls nicht im Buchhandel, dann in Bibliotheken erhältlich)

Klever, Ulrich: *Hunde.* Gräfe und Unzer Verlag, München.

Ludwig, Gerd: *Mit dem Hund spielen und trainieren.* Gräfe und Unzer Verlag, München.

Schlegl-Kofler, Katharina: *Unser Welpe.* Gräfe und Unzer Verlag, München

Schlegl-Kofler, Katharina: *Hunde-Erziehung.* Gräfe und Unzer Verlag, München

Streitferd, Uwe: *Mein kranker Hund. Erste Hilfe - Behandlung - Pflege.* Gräfe und Unzer Verlag, München.

Trumler, Eberhard: *Mit dem Hund auf Du.* Piper Verlag, München.

Zimen, Erik: *Der Hund.* Goldmann Verlag, München.

Zimen, Erik: *Der Wolf.* Meyster Verlag, Wien/ München

Ein Hund braucht täglich Auslauf und Bewegung. Gemeinsame Spiele fördern die Kondition des Hundes und die Beziehung zwischen Kind und Hund.

Wichtige Hinweise

In diesem Ratgeber geht es um die Anschaffung und Haltung von Hunden. Autor und Verlag halten es für wichtig, darauf hinzuweisen, daß sich die Haltungsregeln des Buches in erster Linie auf normal entwickelte Jungtiere aus guter Zucht beziehen, also auf gesunde, charakterlich einwandfreie Tiere. Wer einen erwachsenen Hund zu sich nimmt, muß sich bewußt sein, daß dieser bereits wesentliche Prägungen durch den Menschen erfahren hat. Er sollte den Hund besonders genau beobachten, auch in seinem Verhalten zum Menschen; er sollte sich auch den bisherigen Besitzer ansehen. Ist der Hund aus dem Tierheim, so kann dieses über die Herkunft des Hundes und seine Eigenheiten eventuell Auskunft geben. Es gibt Hunde, die aufgrund schlechter Erfahrungen mit Menschen in ihrem Verhalten auffällig sind, vielleicht auch zum Beißen neigen. Diese Hunde sollten nur von erfahrenen Hundehaltern aufgenommen werden. Auch bei gut erzogenen und sorgfältig beaufsichtigten Hunden besteht die Möglichkeit, daß sie Schäden an fremdem Eigentum anrichten oder gar Unfälle verursachen. Ein ausreichender Versicherungsschutz liegt im Eigeninteresse; der Abschluß einer Hundehaftpflicht-Versicherung ist in jedem Fall dringend zu empfehlen. Lassen Sie bei Ihrem Hund auch alle notwendigen Schutzimpfungen und Entwurmungen (→ Seite 27) ausführen, da sonst eine erhebliche gesundheitliche Gefährdung von Mensch und Tier möglich ist. Einige Krankheiten und Parasiten sind auf den Menschen übertragbar. Zeigen sich bei Ihrem Hund Krankheitsanzeichen, sollten Sie unbedingt einen Tierarzt zu Rate ziehen. Gehen Sie im Zweifelsfall selbst zum Arzt.

Zeitschriften

Der Hund.
Deutscher Bauernverlag GmbH, Reinhardstr. 14, 10117 Berlin

Unser Rassehund.
Herausgeber: Verband für das Deutsche Hundewesen e.V. (VDH), Postfach 104154, D-44041 Dortmund

Das Tier.
Brunnwiesenstraße 23, D-73760 Ostfildern

Der Autor

Günter Huth, selbst Hundebesitzer und -ausbilder, setzt sich als Autor schon seit Jahren sowohl fachlich in Zeitschriften und Sachbüchern als auch belletristisch in Kinderbüchern mit dem Thema Hund auseinander. Als freier Mitarbeiter ist er in Kindersendungen des Regionalfernsehens tätig.

Die Fotografin

Christine Steimer arbeitet seit 1985 als freie Fotografin. Sie hat sich 1989 auf Tierfotografie spezialisiert und ist seitdem für die Zeitschrift »Das Tier« tätig.

Die Zeichnerin

Renate Holzner arbeitet als freie Illustratorin in Regensburg. Ihr breites Repertoire reicht von Strichzeichnungen über fotorealistische Illustrationen bis hin zur Computergrafik.

Die Fotos auf dem Buchumschlag

Umschlagvorderseite: Kinder lieben Hunde, weil sie treue Kameraden und tolle Spielgefährten sind.
Umschlagrückseite: Der Hund begleitet »sein« Kind bei allen Unternehmungen.

Redaktion: Gerda Killer, Anita Zellner
Umschlaggestaltung: Heinz Kraxenberger
Zeichnungen: Renate Holzner
Herstellung und Satz: Michael Bauer, Weißenfeld
Produktion: Eva Hehemann
Reproduktion: Penta, München
Druck und Bindung: Stürtz, Würzburg

ISBN 3-7742-2889-2

Auflage 4. 3. 2. 1.
Jahr 99 98 97 96

Auch wenn der Hund nicht in den Sandkasten mit eingeladen wird: Wenigstens von außen will er die »selbstgebackenen Köstlichkeiten« der Kinder beschnuppern. Die Einbindung des Hundes ins kindliche Spiel gibt positive Impulse für Kind und Hund.